农业国家与行业标准概要

（2015）

农业部农产品质量安全监管局
农业部科技发展中心 编

中国农业出版社

编 写 委 员 会

前　言

标准是对重复性事物和概念所做的统一规定。它以科学、技术和实践经验的综合成果为基础，经有关方面协商一致，由主管机构批准，以特定的形式发布，作为共同遵守的准则和依据。农业标准是农产品质量安全监管和执法的重要依据，是支撑和规范农产品生产经营的技术保障。目前农业标准体系逐步完善，截至2015年年底，农业部共批准发布国家标准、农业行业标准9 932项，其中国家标准4 503项（包括农药残留、兽药残留、饲料安全、转基因管理），农业行业标准5 429项。

本书收集整理了2015年农业部组织制定和批准发布的340项农业行业标准和国家标准。为方便读者查阅，按照11个类别进行归类编排，分别为种植业、畜牧兽医、渔业、农垦、农牧机械、农村能源、绿色食品、转基因、职业技能鉴定、农产品加工及综合类。

我们希望本书的出版，对从事农业质量标准工作的同志能有所帮助。

由于时间仓促，编印过程中难免出现疏漏及不当之处，敬请广大读者批评指正。

编　者

2016 年 12 月

目　　录

9　职业技能鉴定 ……………………………………………………………………… 112

10　农产品加工 …………………………………………………………………………… 113

11　综合类 ………………………………………………………………………………… 119

1 种植业

1.1 种子种苗

标准号	替代标准	标准名称	起草单位	范　围
NY/T 2681—2015		梨苗木繁育技术规程	中国农业科学院果树研究所	本标准规定了苗圃地选择与规划、实生砧木梨苗培育、矮化中间砧梨苗培育、苗木同圃、贮存和运输等梨苗木繁育技术。 本标准适用于梨苗木繁育。
NY/T 2710—2015		茶树良种繁育基地建设标准	农业部工程建设服务中心、北京方正联工程咨询有限公司	本标准可作为编写茶树良种繁育基地项目规则、建议书、可行性研究报告、初步设计文件的依据。 本标准适用于政府投资建设的茶树良种繁育基地项目决策、实施、监督、检查、验收等工作，其他社会投资的同类项目可参照执行。

标准号	替代标准	标准名称	起草单位	范　围
NY/T 2716—2015		马铃薯原原种等级规格	黑龙江省农业科学院植物脱毒苗木研究所［农业部脱毒马铃薯种薯质量监督检验测试中心（哈尔滨）］、华中农业大学、中国农业科学院蔬菜花卉研究所、中国农业机械化科学研究院、内蒙古坤元大和农业科技有限公司	本标准规定了马铃薯原原种的要求、等级规格、抽样方法、包装和标识。本标准适用于马铃薯原原种的分等分级。
NY/T 2724—2015		甘蔗脱毒种苗生产技术规程	浙江省农业科学院	本标准规定了甘蔗脱毒种苗的术语和定义、脱毒种苗生产、甘蔗种苗病毒检测种类及方法、种苗包装、运输等要求。本标准适用于甘蔗脱毒种苗生产。
NY/T 2745—2015		水稻品种鉴定 SNP 标记法	中国水稻研究所、中国农业科学院国家基因研究中心、农业部科技发展中心	本标准规定了利用单核苷酸多态性（single nucleotide polymorphism，SNP）标记进行水稻（Oryza sativa L.）品种鉴定的操作程序、数据记录与统计、判定方法。本标准适用于水稻品种及其杂交种的 SNP 指纹数据采集及鉴定。

标准号	替代标准	标准名称	起草单位	范围
NY/T 2746—2015		植物新品种特异性、一致性和稳定性测试指南 烟草	华南农业大学、广东省烟草南雄科学研究所、农业部科技发展中心	本标准规定了烟草（Nicotiana tabacum L.）新品种特异性、一致性和稳定性测试的技术要求和结果判定的一般原则。本标准适用于烟草新品种特异性、一致性和稳定性测试和结果判定。
NY/T 2747—2015		植物新品种特异性、一致性和稳定性测试指南 紫花苜蓿和杂花苜蓿	兰州大学草地农业科技学院、草地农业系统国家重点实验室、农业部科技发展中心、农业部牧草与草坪草种子质量监督检验测试中心（兰州）	本标准规定了紫花苜蓿和杂花苜蓿（Medicago sativa L. 和 Medicago varia Martyn）新品种特异性、一致性和稳定性测试的技术要求和结果判定的一般原则。本标准适用于紫花苜蓿和杂花苜蓿新品种特异性、一致性和稳定性测试和结果判定。
NY/T 2748—2015		植物新品种特异性、一致性和稳定性测试指南 人参	吉林省农业科学院、农业科技发展中心、中国农业科学院特产研究所	本标准规定了人参新品种特异性、一致性和稳定性测试的技术要求和结果判定的一般原则。本标准适用于人参（Panax ginseng C. A. Meyer）新品种特异性、一致性和稳定性测试和结果判定。

标准号	替代标准	标准名称	起草单位	范　围
NY/T 2749—2015		植物新品种特异性、一致性和稳定性测试指南　橡胶树	中国热带农业科学院橡胶研究所、农业部科技发展中心、中国热带农业科学院热带作物品种资源研究所	本标准规定了橡胶树（Hevea brasiliensis Muell.‐Arg.）新品种特异性、一致性和稳定性测试的技术要求和结果判定的一般原则。 本标准适用于橡胶树新品种特异性、一致性和稳定性测试和结果判定。
NY/T 2750—2015		植物新品种特异性、一致性和稳定性测试指南　凤梨属	华南农业大学、广州花卉研究中心、农业部科技发展中心	本标准规定了凤梨科凤梨属（Ananas Merr.）新品种特异性、一致性和稳定性测试的技术要求和结果判定的一般原则。 本标准适用于凤梨属新品种特异性、一致性和稳定性测试和结果判定。
NY/T 2751—2015		植物新品种特异性、一致性和稳定性测试指南　普通洋葱	北京市农林科学院蔬菜研究中心、山东省农业科学院蔬菜研究所、内蒙古农牧科学院蔬菜研究所、南京农业大学园艺学院	本标准规定了普通洋葱（Allium cepa L. Cepa Group）新品种特异性、一致性和稳定性测试的技术要求和结果判定的一般原则。 本标准适用于普通洋葱新品种特异性、一致性和稳定性测试和结果判定。

（续）

标准号	替代标准	标准名称	起草单位	范　围
NY/T 2752—2015		植物新品种特异性、一致性和稳定性测试指南 非洲凤仙	上海市农业科学院［农业部植物新品种测试（上海）分中心］、农业部科技发展中心、上海农业生物基因中心	本标准规定了凤仙花科凤仙花属非洲凤仙（Impatiens wallerana Hook. f.）新品种特异性、一致性和稳定性测试的技术要求和判定的一般原则。 本标准适用于非洲凤仙新品种特异性、一致性和稳定性测试和结果判定。
NY/T 2753—2015		植物新品种特异性、一致性和稳定性测试指南 红花	农业部科技发展中心、新疆农业科学院农作物品种资源研究所	本标准规定了红花新品种特异性、一致性和稳定性测试的技术要求和结果判定的一般原则。 本标准适用于红花（Carthamus tinctorius L.）新品种特异性、一致性和稳定性测试和结果判定。
NY/T 2754—2015		植物新品种特异性、一致性和稳定性测试指南 华北八宝	上海市农业科学院［农业部植物新品种测试（上海）分中心］、农业部科技发展中心、上海农业生物基因中心	本标准规定了景天科八宝属华北八宝［Hylotelephium tatarinowii（Maxim.）H. Ohba］新品种特异性、一致性和稳定性测试的技术要求和结果判定的一般原则。 本标准适用于华北八宝新品种特异性、一致性和稳定性测试和结果判定。

（续）

标准号	替代标准	标准名称	起草单位	范　围
NY/T 2755—2015		植物新品种特异性、一致性和稳定性测试指南　韭	四川省农业科学院作物研究所、四川省农业科学院园艺研究所	本标准规定了韭新品种特异性、一致性和稳定性测试的技术要求和结果判定的一般原则。本标准适用于普通韭（*Allium tuberosum Rottler ex Spreng.*）、宽叶韭（*Allium hookeri Thwaites*）和野韭（*Allium ramosum L.*）新品种特异性、一致性和稳定性测试和结果判定。
NY/T 2756—2015		植物新品种特异性、一致性和稳定性测试指南　莲属	深圳市公园管理中心、深圳市铁汉生态环境股份有限公司、深圳市高山水生态园林股份有限公司、浙江人文园林有限公司、农业部植物新品种测试（广州）分中心	本标准规定了莲属（*Nelumbo Adans.*）新品种特异性、一致性和稳定性测试的技术要求和结果判定的一般原则。本标准适用于莲属新品种特异性、一致性和稳定性测试和结果判定。
NY/T 2757—2015		植物新品种特异性、一致性和稳定性测试指南　青花菜	北京市农林科学院蔬菜研究中心、农业部科技发展中心、农业部植物新品种测试（上海）分中心	本标准规定了青花菜（*Brassica oleracea* var. *italica* Plenck）新品种的技术要求和结果判定的一般原则。本标准适用于青花菜新品种特异性、一致性和稳定性测试和结果判定。

标准号	替代标准	标准名称	起草单位	范围
NY/T 2758—2015		植物新品种特异性、一致性和稳定性测试指南 石斛属	上海市农业科学院〔农业部植物新品种测试（上海）分中心〕、福建农林大学、农业部科技发展中心、昆明农产品国际交易拍卖中心有限公司、上海市农业生物基因中心	本标准规定了石斛属（Dendrobium Sw.）新品种特异性、一致性和稳定性测试的技术要求和结果判定的一般原则。 本标准适用于石斛属新品种特异性、一致性和稳定性测试和结果判定。
NY/T 2759—2015		植物新品种特异性、一致性和稳定性测试指南 仙客来	上海市农业科学院〔农业部植物新品种测试（上海）分中心〕、河北省农林科学院、农业部科技发展中心、上海市农业生物基因中心	本标准规定了报春花科仙客来属仙客来（Cyclamen persicum Mill）新品种特异性、一致性和稳定性测试的技术要求和结果判定的一般原则。 本标准适用于仙客来新品种特异性、一致性和稳定性测试和结果判定。

（续）

标准号	替代标准	标准名称	起草单位	范　围
NY/T 2760—2015		植物新品种特异性、一致性和稳定性测试指南　香蕉	华南农业大学、东莞市香蕉蔬菜研究所、农业部科技发展中心	本标准规定了香蕉新品种特异性、一致性和稳定性测试的技术要求和结果判定的一般原则。本标准适用于可食用的香蕉（Musa × paradisiaca L.（M. acuminata Colla × M. balbisiana Colla）的栽培品种，主要包括 AA、AB、AAA、AAB、ABB、AAAA、AAAAB 和 AABB 基因组类型的二倍体、三倍体和四倍体可食用的天然香蕉品种或杂交种新品种特异性、一致性和稳定性测试和结果判定。
NY/T 2761—2015		植物新品种特异性、一致性和稳定性测试指南　杨梅	浙江省农业科学院、农业部科技发展中心	本标准规定了杨梅新品种特异性、一致性和稳定性测试的技术要求和结果判定的一般原则。本标准适用于杨梅（Myrica Linn.）新品种特异性、一致性和稳定性测试和结果判定。

标准号	替代标准	标准名称	起草单位	范围
NY/T 2762—2015		植物新品种特异性、一致性和稳定性测试指南 南瓜（中国南瓜）	北京市农林科学院蔬菜研究中心、河南科技学院	本标准规定了南瓜（Cucurbita moschata Duch）品种特异性、一致性和稳定性测试的技术要求和结果判定的一般原则。 本标准适用于南瓜新品种特异性、一致性和稳定性测试和结果判定。
NY/T 2777—2015		玉米良种繁育基地建设标准	农业部规划设计研究院、吉林省农业科学院、黑龙江省农垦勘测设计院、农业部农业机械化技术开发推广总站、张掖市多成农业集团有限公司、黑龙江省农业科学院、云南省农业科学院	本标准规定了玉米良种繁育基地的一般规定、基地规模与项目构成、选址与建设条件、农艺与农机、田间工程等内容。 本标准适用于玉米良种繁育基地建设工程项目规划、可行性研究、初步设计等前期工作，也适用于项目建设管理、实施监督检查和竣工验收。
NY/T 2859—2015		主要农作物品种真实性SSR分子标记检测 普通小麦	北京市农林科学院北京杂交小麦工程技术研究中心、全国农业技术推广服务中心、北京市种子管理站	本标准规定了SSR分子标记法进行普通小麦（Triticum aestivum L.）常规品种真实性检测的原则、检测方案、检测程序和结果报告。 本标准适用于普通小麦常规品种身份鉴定、真实性验证和品种真实性派生品种（EDV）和转基因品种的鉴定。

1.2　土壤与肥料

标准号	替代标准	标准名称	起草单位	范　围
NY/T 798—2015	NY/T 798—2004	复合微生物肥料	农业部生物肥料和食用菌菌种质量监督检测试中心、农业部微生物产品质量安全风险评估实验室（北京）、中国农业科学院农业资源与农业区划研究所	本标准规定了复合微生物肥料的术语和定义、要求、试验方法、检验规则、标志、包装运输及贮存。本标准适用于复合微生物肥料。
NY 2670—2015		尿素硝酸铵溶液	农业部肥料登记评审委员会、中国氮肥工业协会、国家化肥质量监督检验中心（北京）	本标准规定了尿素硝酸铵溶液登记要求、试验方法、检验规则、标识、包装、运输和贮存。本标准适用于中华人民共和国国境内生产和销售的尿素硝酸铵溶液。产品是以合成氨中和硝酸中形成的硝酸铵溶液、尿素溶液按原料比例加工而成的水溶肥料。
NY/T 2722—2015		秸秆腐熟菌剂腐解效果评价技术规程	农业部微生物肥料和食用菌菌种质量监督检测试中心、农业部微生物产品质量安全风险评估实验室（北京）、中国农业科学院农业资源与农业区划研究所	本标准规定了秸秆腐熟菌剂在田间条件下的腐解效果评价技术要求。本标准适用于采用失重率法和抗拉强度法在田间条件下对秸秆腐熟菌剂的腐解效果评价。失重率法适用于所有秸秆的腐解效果评价，抗拉强度法仅适用于水稻、小麦等秸秆的腐解效果评价。

标准号	替代标准	标准名称	起草单位	范　围
NY/T 2725—2015		氯化苦土壤消毒技术规程	中国农业科学院植物保护研究所	本标准规定了氯化苦土壤消毒相关术语和定义、基本原则和技术方法。本标准适用于为控制草莓、番茄、黄瓜、茄子、辣椒、姜、东方百合、烟草等作物连作障碍而进行的土壤消毒处理。
NY/T 2872—2015		耕地质量划分规范	全国农业技术推广服务中心、北京市土壤肥料工作站、中国农业科学院农业资源与农业区划研究所、山东省土壤肥料总站、江苏省耕地质量保护站、山西省土壤肥料保护站、华南农业大学、安徽省土壤肥料总站、成都土壤肥料测试中心、重庆市农业技术推广总站、陕西省土壤肥料工作站	本标准规定了耕地质量区域划分、指标确定、耕地质量划分流程等内容。本标准适用于耕地质量划分，也适用于园地质量划分。

标准号	替代标准	标准名称	起草单位	范　围
NY/T 2876—2015		肥料和土壤调理剂　有机质分级测定	国家化肥质量监督检验中心（北京）	本标准规定了相关术语和定义、有机质分级以及高锰酸钾氧化法测定易氧化有机质含量、重铬酸钾氧化法测定有机质含量、灼烧法测定有机物总量和灰分含量、水分含量的试验方法。本标准适用于以有机物料为主要原料经过发酵降解工艺加工而成的固体肥料和土壤调理剂。本标准也适用于堆肥、农业废弃物及发酵中间体等非产品类固体有机物料。水分含量的测定按附录A的规定执行；易氧化有机质含量、有机质含量、有机物总量和灰分含量测定结果的表述按附录B的规定执行。本标准不适用于水溶肥料。
NY/T 2877—2015		肥料增效剂　双氰胺含量的测定	国家化肥质量监督检验中心（北京）	本标准规定了肥料增效剂双氰胺（DCD）含量测定的高效液相色谱法试验方法。本标准适用于添加双氰胺肥料及双氰胺制剂的测定。

标准号	替代标准	标准名称	起草单位	范　　围
NY/T 2878—2015		水溶肥料　聚天门冬氨酸含量的测定	国家化肥质量监督检验中心（北京）	本标准规定了水溶肥料聚天门冬氨酸含量测定的氨基酸自动分析仪试验方法。本标准适用于以聚天门冬氨酸为主要成分的有机水溶肥料的测定。本标准也适用于添加聚天门冬氨酸、不含硝态氮的大量元素水溶肥料等含氨肥料的测定。
NY/T 2879—2015		水溶肥料　钴、钛含量的测定	国家化肥质量监督检验中心（北京）	本标准规定了水溶肥料钴、钛含量测定的试验方法。本标准适用于水溶肥料钴、钛含量的测定。

1.3　植保与农药

标准号	替代标准	标准名称	起草单位	范　　围
NY/T 60—2015	NY/T 60—1987	桃小食心虫综合防治技术规程	山西省农业科学院植物保护研究所、全国农业技术推广服务中心、中国农业科学院果树研究所	本标准规定了桃小食心虫（*Carposina sasakii* Matsumura）综合防治的术语和定义，防治原则和防治技术。本标准适用于苹果园中桃小食心虫的防治，其他果园桃小食心虫的防治可参照执行。

标准号	替代标准	标准名称	起草单位	范围
NY/T 1089—2015	NY/T 1089—2006	橡胶树白粉病测报技术规程	海南大学、中国热带农业科学院环境与植物保护研究所、云南省热带作物科学研究所	本标准规定了橡胶树白粉病测报的术语和定义，测报网点建设与管理，测报数据的收集和统计方法，流行强度和流行区的划分，测报等技术方法。本标准适用于我国植胶区橡胶树白粉病的测报。
NY/T 1151.1—2015	NY/T 1151.1—2006	农药登记用卫生杀虫剂室内药效试验及评价 第1部分：防蛀剂	农业部农药检定所、济南市疾病预防控制中心、北京市疾病预防控制中心	本部分规定了农药登记用室内药效试验防蛀剂的室内药效测定和评价指标。本部分适用于挥发性防蛀剂的室内药效测定和评价。
NY/T 2676—2015		棉花抗盲椿象鉴定方法	中国农业科学院棉花研究所	本标准规定了棉花对盲椿象抗性的鉴定要求、鉴定方法和结果判定。本标准适用于棉花对盲椿象的抗虫性鉴定。
NY/T 2677—2015		农药沉积率测定方法	国家植保机械质量监督检验中心	本标准规定了喷雾机喷洒农药时，在靶标（作物）上农药沉积率的测定方法。本标准适用于喷杆式、风送式等大型喷雾机在大田作物（如水稻、小麦、棉花等）作业农药沉积率的测定；其他喷雾机（器）作业时农药沉积率的测定可参照执行。

标准号	替代标准	标准名称	起草单位	范围
NY/T 2678—2015		马铃薯6种病毒的检测 RT-PCR法	农业部脱毒马铃薯种薯质量监督检验测试中心（哈尔滨）、湖南农业大学园艺学院、华中农业大学生命科学技术学院、福建农林大学	本标准规定了马铃薯S病毒（Potato virus S. PVS）、马铃薯X病毒（Potato virus X. PVX）、马铃薯M病毒（Potato virus M. PVM）、马铃薯Y病毒（Potato virus Y. PVY）、马铃薯卷叶病毒（Potato leafroll virus, PLRV）和马铃薯A病毒（Potato virus A. PVA）的反转录聚合酶链式反应（RT-PCR）生物学检测方法（见附录A）。本标准适用于马铃薯试管苗、原原种和田间马铃薯块茎、植株等组织中病毒的检测。
NY/T 2679—2015		甘蔗病原菌检测规程 宿根矮化病菌 环介导等温扩增检测法	福建农林大学农业部福建甘蔗生物学与遗传育种重点实验室、农业部甘蔗及制品质量监督检验测试中心	本标准规定了环介导等温扩增技术检测甘蔗宿根矮化病菌（Leifsonia xyli subsp. xyli）的原理、试剂和材料、食品和设备、操作步骤、结果判定与表述等技术内容。本标准适用于甘蔗组织培养苗、田间植株、种苗、种茎中甘蔗宿根矮化病菌的LAMP检验。

标准号	替代标准	标准名称	起草单位	范　　围
NY/T 2683—2015		农田主要地下害虫防治技术规程	全国农业技术推广服务中心、中国农业科学院植物保护研究所、西北农林科技大学、南京农业大学、甘肃农业大学、河南省农业科学院植物保护研究所、辽宁省农业科学院植物保护研究所	本标准规定了农田主要地下害虫蛴螬、金针虫、蝼蛄的主要防治技术和方法。本标准适用于全国小麦、玉米和花生为主的农作物生产中蛴螬、金针虫、蝼蛄的防治。其他作物地下害虫的防治可参考应用。
NY/T 2684—2015		苹果树腐烂病防治技术规程	全国农业技术推广服务中心、陕西省植物保护工作总站	本标准规定了苹果果树腐烂病（病原菌 Valsa mali Miyabe et Yamada）的主要防治技术。本标准适用于苹果果树腐烂病的防治。
NY/T 2685—2015		梨小食心虫综合防治技术规程	山西省农业科学院植物保护研究所、全国农业技术推广服务中心	本标准规定了梨小食心虫的防治适期、防治指标及防治技术。本标准适用于梨园、桃园梨小食心虫的防治。其他梨小食心虫发生危害的果园参照执行。

标准号	替代标准	标准名称	起草单位	范　围
NY/T 2687—2015		刺萼龙葵综合防治技术规程	中国农业科学院农业环境与可持续发展研究所、农业部农业生态与资源保护总站、中国农业科学院植物保护研究所	本标准规定了刺萼龙葵的综合防治原则、策略和防治技术措施。本标准适用于刺萼龙葵发生区域内农业、林业、环保等部门对刺萼龙葵进行的综合防治。
NY/T 2688—2015		外来入侵植物监测技术规程　长芒苋	中国农业科学院农业环境与可持续发展研究所、农业部农业生态与资源保护总站	本标准规定了长芒苋监测的程序和方法。本标准适用于对长芒苋发生区和潜在发生区的监测。
NY/T 2689—2015		外来入侵植物监测技术规程　少花蒺藜草	中国农业科学院农业环境与可持续发展研究所、中国农业大学、农业部农业生态与资源保护总站	本标准规定了少花蒺藜草监测的程序和方法。本标准适用于少花蒺藜草区域农业、环保、植保、畜牧、草原等部门开展对少花蒺藜草监测。
NY/T 2719—2015		苹果苗木脱毒技术规范	中国农业科学院果树研究所、农业部果品及苗木质量监督检验测试中心（兴城）、辽宁省果蚕管理总站	本标准规定了苹果苗木脱毒的术语和定义、脱除病毒种类和脱毒方法。本标准适用于苹果栽培品种和砧木品种的脱毒。

标准号	替代标准	标准名称	起草单位	范　　围
NY/T 2720—2015		水稻抗纹枯病鉴定技术规范	中国水稻研究所、中国农业大学、扬州大学、华南农业大学、福建农林大学、浙江大学	本标准规定了水稻品种、材料苗期和成株期对纹枯病的抗性鉴定方法和评价方法。本标准适用于水稻品种、材料抗纹枯病鉴定。
NY/T 2726—2015		小麦蚜虫抗药性监测技术规程	全国农业技术推广技术中心、中国农业大学、河南省植保站、江苏省植保站	本标准规定了小麦蚜虫抗药性监测的基本方法。本标准适用于麦长管蚜［*Sitobion avenae*（Fabricius）］、禾谷缢管蚜［*Rhopalosiphum padi*（Linnaeus）］等小麦对常用杀虫药剂的抗性监测。
NY/T 2727—2015		蔬菜烟粉虱抗药性监测技术规程	全国农业技术推广技术中心、中国农业科学院蔬菜花卉研究所、天津市植保植检站	本标准规定了琼脂保湿浸叶法对烟粉虱［*Bemisia tabaci*（Gennadius）］成虫、浸茎系统测定法和叶片浸渍法对烟粉虱若虫和卵抗药性的监测方法。本标准适用于烟粉虱成虫、若虫和卵对常用杀虫药剂的抗药性监测。

（续）

标准号	替代标准	标准名称	起草单位	范　围
NY/T 2728—2015		稻田稗属杂草抗药性监测技术规程	全国农业技术推广技术中心、湖南省植物保护研究所	本标准规定了稻田稗属杂草（Echinochloa spp.）抗药性监测的基本方法。 本标准适用于稻田稗属杂草对除草剂抗药性监测。
NY/T 2729—2015		李属环死环斑病毒检测规程	农业部花卉产品质量监督检验测试中心（昆明）、云南省农业科学院花卉研究所、国家观赏园艺工程技术研究中心、云南省花卉育种重点实验室、云南省花卉工程技术研究中心	本标准规定了李属环死环斑病毒（Prunus necrotic ringspot virus，PNRSV）的双抗体夹心酶联免疫吸附检测法（DAS-ELISA）和指示植物检测法。 本标准适用于植物组织中李属环死环斑病毒的检测。
NY/T 2730—2015		水稻黑条矮缩病测报技术规范	全国农业技术推广技术中心	本标准规定了水稻黑条矮缩病传毒介体灰飞虱虫量、黑条矮缩病病情的调查方法、预测方法和调查数据记载归档等内容。 本标准适用于水稻黑条矮缩病测报调查。

标准号	替代标准	标准名称	起草单位	范围
NY/T 2731—2015		小地老虎测报技术规范	全国农业技术推广服务中心	本标准规定了小地老虎成虫诱测、卵和幼虫调查、为害情况调查方法和预测预报技术。本标准适用于全国范围内的小地老虎调查测报。
NY/T 2732—2015		农作物害虫性诱监测技术规范（鳞翅类）	全国农业技术推广服务中心、温州医科大学	本标准规定了性诱监测中鳞翅类害虫的定义和常见种类、鳞翅类害虫性信息素的主要成分和含量、诱芯的型号规格和持效性，适用于鳞翅类害虫性诱监测的钟罩倒置漏斗式诱捕器的结构和性能，鳞翅类害虫性诱捕器的设置方式、监测调查方法、数据利用和分析方法等应用技术规范。本标准适用于监测鳞翅类害虫的种群数量和发生动态。
NY/T 2733—2015		梨小食心虫监测性诱芯应用技术规范	中国科学院动物研究所、山西省农业科学院植物保护研究所、全国农业技术推广服务中心	本标准规定了梨小食心虫监测专用性诱芯的制作方法及其应用技术。本标准适用于果树梨小食心虫成虫种群动态的监测与防治适期的预报。

标准号	替代标准	标准名称	起草单位	范　围
NY/T 2734—2015		桃小食心虫监测性诱芯应用技术规范	中国科学院动物研究所、山西省农业科学院植物保护研究所、全国农业技术推广服务中心	本标准规定了桃小食心虫（Carposina sasakii Matsumura）监测性诱芯的制作方法及田间应用技术。本标准适用于苹果园和枣园桃小食心虫成虫群落动态监测与防治期预报，其他果园桃小食心虫的性诱监测可参考执行。
NY/T 2735—2015		稻茬小麦涝渍灾害防控与补救技术规范	全国农业技术推广服务中心、江苏省作物栽培技术指导站、江苏省兴化市农业技术推广中心、长江大学、中国农业科学院农田灌溉研究所、安徽省农业科学院水稻研究所	本标准规定了稻茬小麦涝渍灾害的防控及恢复补救技术。本标准适用于易涝易渍地区稻茬小麦生产中涝渍灾害的防灾减灾技术指导。
NY/T 2736—2015		蝗虫防治技术规范	全国农业技术推广服务中心、山东省植物保护总站、河北省植物保护站、河南省植保植检站、四川省农业厅植物保护站、新疆维吾尔自治区植物保护站、内蒙古自治区植保植检站	本标准规定了我国蝗虫防治的基本原则、防治指标、防治技术及防治效果评价方法等。本标准适用于我国飞蝗和土蝗的防治。

标准号	替代标准	标准名称	起草单位	范　围
NY/T 2737.1—2015		稻纵卷叶螟和稻飞虱防治技术规程　第1部分：稻纵卷叶螟	全国农业技术推广服务中心、浙江省农业科学院植物保护与微生物研究所、中国水稻研究所、浙江省植物保护检疫局、浙江大学、安徽省植物保护总站、浙江省金华市植物保护站、云南省植保植检站	本部分规定了稻纵卷叶螟防治的有关术语、定义、防治指标、防治技术。本部分适用于我国水稻种植区稻纵卷叶螟的防治。
NY/T 2737.2—2015		稻纵卷叶螟和稻飞虱防治技术规程　第2部分：稻飞虱	全国农业技术推广服务中心、浙江省农业科学院植物保护与微生物研究所、中国水稻研究所、浙江省植物保护检疫局、浙江大学、安徽省植物保护总站、浙江省金华市植物保护站、云南省植保植检站	本部分规定了稻飞虱防治的有关术语、定义、防治指标、防治技术。本部分适用于我国各水稻种植区稻飞虱（褐飞虱、白背飞虱、灰飞虱）防治。
NY/T 2738.1—2015		农作物病害遥感监测技术规范　第1部分：小麦条锈病	中国农业科学院农业资源与农业区划研究所、北京农业信息技术研究中心、中国农业大学	本部分规定了小麦条锈病卫星遥感监测的术语、规定了小麦条锈病卫星遥感监测流程、数据源和数据预处理、监测方法、病害测报资料整理汇总等内容。本部分适用于小麦条锈病的卫星遥感监测工作。

标准号	替代标准	标准名称	起草单位	范　围
NY/T 2738.2—2015		农作物病害遥感监测技术规范　第 2 部分：小麦白粉病	中国农业科学院农业资源与农业区划研究所、北京农业信息技术研究中心、中国农业大学	本部分规定了小麦白粉病卫星遥感监测的术语、规定了小麦白粉病卫星遥感监测流程、数据源和数据预处理、监测方法、病害预测报资料整理汇总等内容。 本部分适用于小麦白粉病的卫星遥感监测工作。
NY/T 2738.3—2015		农作物病害遥感监测技术规范　第 3 部分：玉米大斑病和小斑病	中国农业科学院农业资源与农业区划研究所、北京农业信息技术研究中心、中国农业大学	本部分规定了玉米大斑病和小斑病卫星遥感监测的术语、规定了玉米大斑病和小斑病卫星遥感监测流程、数据源和数据预处理、监测方法、病害预测报资料整理汇总等内容。 本部分适用于玉米大斑病和小斑病的卫星遥感监测工作。
NY 2739.1—2015		农作物低温冷害遥感监测技术规范　第 1 部分：总则	中国农业科学院农业资源与农业区划研究所、浙江大学、中国气象科学研究院	本部分规定了农作物低温冷害遥感监测的流程、内容、技术方法、质量控制以及成果报告编写的基本准则。 本部分适用于农作物延迟型冷害卫星遥感监测工作。采用其他数据源开展农作物延迟型冷害监测工作可参照执行。

（续）

标准号	替代标准	标准名称	起草单位	范　围
NY 2739.2—2015		农作物低温冷害遥感监测技术规范　第 2 部分：北方水稻延迟型冷害	中国农业科学院农业资源与农业区划研究所、浙江大学、中国气象科学研究院	本部分规定了北方水稻延迟型冷害遥感监测的流程、内容、技术方法、质量控制以及成果报告编写的基本要求。本部分适用于北方水稻延迟型冷害卫星遥感监测工作。采用其他数据源开展北方水稻延迟型冷害监测工作可参照执行。
NY 2739.3—2015		农作物低温冷害遥感监测技术规范　第 3 部分：北方春玉米延迟型冷害	中国农业科学院农业资源与农业区划研究所、浙江大学、中国气象科学研究院	本部分规定了北方春玉米延迟型冷害遥感监测的流程、内容、技术方法、质量控制以及成果报告编写的基本要求。本部分适用于北方春玉米延迟型冷害卫星遥感监测工作。采用其他数据源开展北方春玉米延迟型冷害遥感监测工作可参照执行。
NY/T 2743—2015		甘蔗白色条纹病菌检验检疫技术规程　实时荧光定量 PCR 法	农业部福建甘蔗生物学与遗传育种重点实验室、农业部甘蔗及制品质量监督检验测试中心、国家甘蔗工程技术研究中心	本标准规定了甘蔗白色条纹病菌实时荧光定量 PCR 检测方法。本标准适用于甘蔗种茎、种苗以及甘蔗或其他植物组织中的甘蔗白色条纹病菌（Xanthomonas albilineans）的检验检疫与检测。缩略语参见附录 A。甘蔗白色条纹病菌有关信息参见附录 B。

标准号	替代标准	标准名称	起草单位	范　围
NY/T 2744—2015		马铃薯纺锤块茎病毒检测　核酸斑点杂交法	农业部脱毒马铃薯种薯质量监督检验测试中心（哈尔滨）、中国农业科学院植物保护研究所、黑龙江八一农垦大学	本标准规定了马铃薯纺锤块茎类病毒（Potato spindle tuber viroid，PSTVd）的检测方法。本标准适用于马铃薯纺锤块茎类病毒的检测。
NY/T 2810—2015		橡胶树褐根病菌鉴定方法	中国热带农业科学院环境与植物保护研究所、厦门出入境检验检疫局	本标准规定了橡胶树褐根病菌（Phellinus noxius）的术语和定义、鉴定依据、试剂及配制方法、采样、症状鉴定、培养鉴定、PCR鉴定、结果判定、标本和样品保存等技术要求。本标准适用于橡胶树褐根病菌（P. noxius）的鉴定。
NY/T 2811—2015		橡胶树棒孢霉落叶病病原菌分子检测技术规范	中国热带农业科学院环境与植物保护研究所	本标准规定了橡胶树棒孢霉落叶病病原菌（Corynespora cassiicola）的术语和定义、检测方法、结果判定、样品保存等技术要求。本标准适用于橡胶树的棒孢霉落叶病病原菌的检测。

（续）

标准号	替代标准	标准名称	起草单位	范　　围
NY/T 2814—2015		热带作物种质资源抗病虫鉴定技术规程 橡胶树白粉病	中国热带农业科学院环境与植物保护研究所、中国热带农业科学院橡胶研究所	本标准规定了橡胶树种质资源抗白粉病的术语和定义、接种体制备、田间抗性鉴定、病情调查及系统计、抗性判定。 本标准适用于橡胶树种质资源对白粉病抗性的田间鉴定及评价。
NY/T 2815—2015		热带作物病虫害防治技术规程 红棕象甲	中国热带农业科学院椰子研究所	本标准规定了红棕象甲（*Rhynchophorus ferrugineus*）防治的有关术语和定义及防治要求等技术。 本标准适用于我国棕榈植物区域红棕象甲的防治。
NY/T 2816—2015		热带作物主要病虫害防治技术规程 胡椒	中国热带农业科学院香料饮料研究所	本标准规定了胡椒（*Piper nigrum*）主要病虫害基本信息、防治原则和防治措施。 本标准适用于我国胡椒产区的胡椒主要病虫害防治。

标准号	替代标准	标准名称	起草单位	范　围
NY/T 2817—2015		热带作物病虫害监测技术规程　香蕉枯萎病	中国热带农业科学院环境与植物保护研究所	本标准规定了由尖镰刀菌古巴专化型［*Fusarium oxysporum* f. sp. *cubense*（E. F. Smith）Snyder et Hansen］1 号和 4 号小种引起的香蕉枯萎病监测、假植苗圃监测、发生区监测，未发生区监测、疫情诊断及监测结果上报等技术要求。本标准适用于全国香蕉产区香蕉镰刀菌枯萎病的调查和监测。
NY/T 2818—2015		热带作物病虫害监测技术规程　红棕象甲	中国热带农业科学院椰子研究所	本标准规定了红棕象甲（*Rhynchophorus ferrugineus*）监测相关的术语和定义、基本信息及监测方法。本标准适用于我国棕榈科植物种植区红棕象甲的发生和种群动态监测。
NY/T 2819—2015		植物性食品中腈苯唑残留量的测定　气相色谱—质谱法	中国热带农业科学院分析测试中心	本标准规定了植物性食品中腈苯唑残留量的气相色谱—质谱测定方法。本标准适用于植物性食品中腈苯唑残留量的测定。本标准的方法的定量限为 0.02 mg/kg。

（续）

标准号	替代标准	标准名称	起草单位	范　　围
NY/T 2820—2015		植物性食品中抑食肼、虫酰肼、甲氧虫酰肼、呋喃虫酰肼和环虫酰肼类农药残留量的同时测定 液相色谱质谱联用法	农业部热带农产品质量监督检验测试中心	本标准规定了植物性食品中抑食肼、虫酰肼、甲氧虫酰肼、呋喃虫酰肼和环虫酰肼5种双酰肼类农药的液相色谱—质谱联用测定方法。本标准适用于植物性食品中抑食肼、虫酰肼、甲氧虫酰肼、呋喃虫酰肼和环虫酰肼5种双酰肼类农药的方法定量限均为：0.01 mg/kg。
NY/T 2864—2015		葡萄溃疡病抗性鉴定技术规范	北京市农林科学院	本标准规定了葡萄抗葡萄溃疡病（Grapevine dieback）鉴定和评价方法。本标准适用于葡萄（Vitis L.）抗溃疡病的室内鉴定及抗性评价。
NY/T 2865—2015		瓜类果斑病监测规范	全国农业技术推广服务中心、甘肃省植保植检站	本标准规定了瓜类果斑病（Bacterial fruit blotch of cucurbits）的监测时期、监测区域、监测方法等。本标准适用于全国范围内瓜类果斑病的监测。

标准号	替代标准	标准名称	起草单位	范　围
NY/T 2873—2015		农药内分泌干扰作用评价方法	农业部农药检定所，国家食品安全风险评估中心	本标准规定了内分泌干扰作用的基本试验方法和技术要求。本标准适用于评价农药的内分泌干扰作用。
NY/T 2874—2015		农药每日允许摄入量	农业部农药检定所	本标准规定了 1-甲基环丙烯等 554 种农药的每日允许摄入量。本标准适用于制定农药最大残留量和进行农药长期膳食风险评估等相关工作而制定的每日允许摄入量。
NY/T 2875—2015		蚊香类产品健康风险评估指南	农业部农药检定所	本标准规定了蚊香类产品居民健康风险评估程序、方法和评价标准。本标准适用于室内使用蚊香类产品（包括蚊香、电热蚊香片、电热蚊香液等）对居民的健康风险评估。

1.4 粮油作物及产品

标准号	替代标准	标准名称	起草单位	范　围
NY/T 2680—2015		鱼塘专用稻种植技术规程	中国水稻研究所、浙江大学、杭州市水产技术推广总站	本标准规定了淡水池塘种植鱼塘专用稻的术语和定义、产地环境、鱼塘准备、鱼塘秧苗准备、鱼稻栽种与管理、鱼种放养与养殖管理、捕捞方法等技术。 本标准适用于我国长江中下游青虾塘、黄颡鱼种稻模式。
NY/T 2686—2015		旱作玉米全膜覆盖技术规范	全国农业技术推广服务中心、中国农业科学院农业资源与区划研究所、甘肃省农业节水与土壤肥料管理总站	本标准规定了旱作玉米全膜覆盖技术的播前准备、起垄、覆膜、播种和田间管理等技术要求。 本标准适用于年降水量 250mm～550mm 地区的旱作玉米。
NY/T 2789—2015		薯类贮藏技术规范	甘肃省农业科学院农产品贮藏加工研究所、国家马铃薯产业技术研发中心、辽宁省农业科学院食品与药品加工研究所、国家甘薯产业技术研发中心、四川省农业科学院农产品加工研究所、农业部规划设计研究院	本标准规定了马铃薯和甘薯的贮藏设施、原料要求、预处理、贮藏管理、标识和出库等内容。 本标准适用于马铃薯和甘薯的贮藏。

标准号	替代标准	标准名称	起草单位	范围
NY/T 2798.2—2015		无公害农产品　生产质量安全控制技术规范　第2部分：大田作物产品	中国农业科学院农业质量标准与检测技术研究所、农业部农产品质量安全中心、农业部优质农产品开发服务中心、广东省农业科学院农产品公共监测中心	本部分规定了无公害大田作物产品生产质量环境、种子种苗、耕作管理、肥料使用、病虫草鼠害防治、包装标识与产品储运等环节关键点的质量安全控制措施。本部分适用于粮食、油料、糖料等大田作物的无公害农产品的生产、管理和认证。
NY/T 2862—2015		节水抗旱稻　术语	上海市农业生物基因中心	本标准规定了节水抗旱稻名词术语和定义。本标准适用于节水抗旱稻的教学、科研、生产、经营和管理等领域。
NY/T 2863—2015		节水抗旱稻抗旱性鉴定技术规范	上海市农业生物基因中心	本标准规定了节水抗旱稻抗旱性鉴定方法。本标准适用于节水抗旱稻抗旱性的鉴定。
NY/T 2866—2015		旱作马铃薯全膜覆盖技术规范	全国农业技术推广服务中心、中国农业科学院农业资源与农业区划研究所、甘肃省农业节水与土壤肥料管理总站	本标准规定了北方旱作区马铃薯全膜技术的播前准备、起垄、覆膜、播种、田间管理和残膜回收等技术要求。本标准适用于北方旱作区马铃薯种植、年降水量250mm～550mm地区的北方旱作区马铃薯种植。

（续）

标准号	替代标准	标准名称	起草单位	范围
NY/T 2871—2015		水稻中 43 种植物激素的测定 液相色谱—串联质谱法	农业部稻米及制品质量监督检验测试中心、中国水稻研究所	本标准规定了水稻中 43 种植物激素的液相色谱—串联质谱测定方法。 本标准适用于水稻植株的根、茎、叶等组织中 43 种植物激素含量的测定。 本标准的方法检出限为 0.02μg/g～8.0μg/g。

1.5 经济作物及产品

标准号	替代标准	标准名称	起草单位	范围
NY/T 983—2015	NY/T 983—2006	苹果采收与贮运技术规范	天津科技大学、天津绿新低温科技有限公司、北京农业职业学院、天津盛天利材料科技有限公司	本标准规定了鲜食苹果采收、贮藏、运输技术规范。其中，贮藏方式为土窑洞、通风库、冷库、气调库，运输工具为常温或控温运输的汽车、火车等运输工具，特别规范了贮运过程中温度、湿度、贮藏寿命、出库指标、气体指标、分级、包装、检验规则及检验方法。 本标准适用于富士系、红元帅系、黄元帅系、嘎啦、秦冠系等苹果主要栽培品种。

标准号	替代标准	标准名称	起草单位	范　　围
NY/T 1392—2015	NY/T 1392—2007	猕猴桃采收与贮运技术规范	中国农业科学院郑州果树研究所	本标准规定了猕猴桃（Actinidia Lindl.）采收、贮藏与运输的技术要求。本标准适用于中华猕猴桃（A. chinensis）和美味猕猴桃（A. deliciosa）的贮运。
NY/T 1648—2015	NY/T 1648—2008	荔枝等级规格	农业部蔬菜水果质量监督检验测试中心（广州）、广东省农业科学院农产品公共监测中心	本标准规定了荔枝等级规格的术语和定义、要求、检验规则、包装、标识及贮运。本标准适用于新鲜荔枝的规格、等级划分。
NY/T 2717—2015		樱桃良好农业规范	北京农业质量标准与检测技术研究中心、农业部优质农产品开发服务中心、北京市农林科学院林业果树研究所、全国农业技术推广服务中心、北京市通州区红樱桃园艺场	本标准规定了樱桃生产的组织管理、质量安全管理、种植操作规范、果实采后技术要求。本标准适用于具有一定规模、组织化的甜樱桃种植管理。
NY/T 2718—2015		柑橘良好农业规范	中国农业科学院柑橘研究所、农业部柑橘及苗木质量监督检验测试中心	本标准规定了柑橘生产的组织管理、质量安全管理、种植操作规范、果实采后技术规程、贮藏与运输等要求。本标准适用于柑橘生产的管理。

（续）

标准号	替代标准	标准名称	起草单位	范　围
NY/T 2721—2015		柑橘商品化处理技术规程	华中农业大学、中国农业科学院柑橘研究所、浙江大学、湖南农业大学、赣州市柑橘科学研究所、湖北省当阳市农业局	本标准规定了鲜食柑橘类水果商品化处理的厂区建设要求、果实清洗消毒、预分选、防腐保鲜、脱绿、贮藏、打蜡、分级、质量检验、包装标识、预冷等生产工艺。本标准适用于鲜食柑橘类水果，包括宽皮柑橘、橙类、柚和葡萄柚类、杂柑类、柠檬类和金柑类果实的采后商品化处理。
NY/T 2671—2015		甘味绞股蓝生产技术规程	恩施土家族苗族自治州农业科学院、湖北民族学院、湖北省农业科学院	本标准规定了甘味绞股蓝（Carposina sasakii Matsumura）生产的产地、种苗繁育、生产管理、采收、设备设施及投入品管理。本标准适用于甘味绞股蓝的生产。
NY/T 2673—2015		棉花术语	中国农业科学院棉花研究所、农业部棉花品质监督检验测试中心	本标准规定了与棉花相关的基本术语和定义。本标准适用于与棉花相关的科研、教学、生产、检验和管理领域。

标准号	替代标准	标准名称	起草单位	范　　围
NY/T 2675—2015		棉花良好农业规范	农业部农村经济研究中心	本规范规定了棉花良好生产经营的基本原则、产地环境、种植、加工储运、组织管理、可追溯管理、劳动者培训与福利等方面的要求。本规范适用于良好棉花种植、加工及认证。
NY/T 2682—2015		酿酒葡萄生产技术规程	烟台市农业技术推广总站、烟台市农业科学院果树分院	本标准规定了酿酒葡萄生产的园地选择与规划、苗木定植、土肥水管理、整形修剪、果穗管理、埋土防寒和出土上架、病虫害防治、采收与运输等技术要求。本标准适用于酿酒葡萄产区。
NY/T 2715—2015		平菇等级规格	浙江省农业科学院、浙江省丽水市农产品质量检验检测中心、浙江省庆元县食用菌管理局、绿城农科检测技术有限公司	本标准规定了平菇的相关术语和定义、等级规格要求、检验方法、包装、标识和贮运。本标准适用于糙皮侧耳（*Pleurotus ostreatus*）、白黄侧耳（*Pleurotus cornucopiae*）和肺形侧耳（*Pleurotus pulmonarius*）等子实体鲜品的等级规格划分。

标准号	替代标准	标准名称	起草单位	范　围
NY/T 2723—2015		茭白生产技术规程	浙江省农业科学院、浙江省农业厅、浙江省农业技术推广中心、浙江省金华市农产品质量综合监督检测中心	本标准规定了茭白（Zizania latifolia）生产的术语与定义、产地环境、品种选择、栽培技术、病虫害防治、采收、分级包装、贮藏、运输及生产档案等要求。 本标准适用于茭白生产。
NY/T 2741—2015		仁果类水果中类黄酮的测定 液相色谱法	中国农业科学院果树研究所、农业部果品及苗木质量监督检验测试中心（兴城）	本标准规定了液相色谱法测定仁果类水果中类黄酮的方法。 本标准适用于仁果类水果（苹果、梨和山楂）中主要类黄酮含量的测定。 本标准的方法检出限和定量限见附录A。
NY/T 2742—2015		水果及制品可溶性糖的测定 3，5-二硝基水杨酸比色法	中国农业科学院果树研究所、农业部果品及苗木质量监督检验测试中心（兴城）	本标准规定了水果及制品中可溶性糖含量测定的3，5-二硝基水杨酸比色法。 本标准适用于水果及制品中可溶性糖含量的测定。 本标准的检出限为2.0mg/L，线性范围为0mg/L～120.0mg/L。

（续）

标准号	替代标准	标准名称	起草单位	范　围
NY/T 2775—2015		农作物生产基地建设标准　糖料甘蔗	全国农业技术推广服务中心。广西农业厅糖料处、农业部甘蔗及制品质量监督检验测试中心、中国农业科学院基建局	本建设标准是编制、评估和审批国家糖料甘蔗生产基地建设项目可行性研究报告的重要依据，也是审查建设项目初步设计和监督、检查项目整个建设过程的参考尺度。 本建设标准适用于糖料甘蔗生产基地新建工程，改（扩）建工程可参照执行。
NY/T 2787—2015		草莓采收与贮运技术规范	浙江省农业科学院食品科学研究所	本标准规定了鲜食草莓（*Fragaria* × *ananassa* Duch.）的采收、质量要求、预冷、贮藏、包装、运输以及销售环节的技术规程。 本标准适用于鲜食草莓的采收、贮藏与运输。
NY/T 2788—2015		蓝莓保鲜贮运技术规程	浙江省农业科学院食品科学研究所	本标准规定了鲜食蓝莓（*Fragaria* × *ananassa* Duch.）的采收与质量要求、贮前准备、预冷与入库、贮藏、出库与包装、运输以及销售蓝莓的保鲜要求。 本标准适用于鲜食蓝莓的保鲜贮运。

（续）

标准号	替代标准	标准名称	起草单位	范围
NY/T 2790—2015		瓜类蔬菜采后处理与产地贮藏技术规范	北京市农林科学院蔬菜研究中心、中国人民大学农业与农村发展学院、北京天安农业发展有限公司	本标准规定了瓜类蔬菜采收、分级、包装、预冷、产地贮藏和运输的技术要求。 本标准适用于黄瓜、苦瓜、丝瓜、西葫芦、南瓜、冬瓜和瓠瓜的采后处理及产地贮藏，其他瓜类蔬菜可参照执行。
NY/T 2795—2015		苹果中主要酚类物质的测定 高效液相色谱法	中国农业科学院农产品加工研究所、中国农业科学院果树研究所	本标准规定了苹果中主要酚类物质的高效液相色谱测定方法。 本标准适用于苹果中没食子酸、原绿原酸、新绿原酸、原花青素 B₁、儿茶酸、绿原酸、原花青素 B₂、儿茶素、表儿茶素、p-香豆酸、芦丁、阿魏酸、槲皮苷、根皮苷、槲皮素和根皮素等单个或多个组分含量的测定。
NY/T 2796—2015		水果中有机酸的测定 离子色谱法	农业部果品及苗木质量监督检验测试中心（郑州）、中国农业科学院郑州果树研究所	本标准规定了新鲜水果中有机酸（柠檬酸、苹果酸、酒石酸和琥珀酸）含量的离子色谱测定方法。 本标准适用于新鲜水果中有机酸（柠檬酸、苹果酸、酒石酸和琥珀酸）含量的测定。

（续）

标准号	替代标准	标准名称	起草单位	范围
NY/T 2798.3—2015		无公害农产品 生产质量安全控制技术规范 第3部分：蔬菜	广东省农业科学院农产品公共监测中心、农业部农产品质量安全中心、中国农业科学院农业质量标准与检测技术研究所、农业部优质农产品开发服务中心	本部分规定了无公害农产品蔬菜生产质量安全控制的基本要求，包括产地环境、农业投入品、栽培管理、包装标识与产品储运等环节关键点的质量安全控制措施。本部分适用于无公害农产品蔬菜的生产、管理和认证。
NY/T 2798.4—2015		无公害农产品 生产质量安全控制技术规范 第4部分：水果	农业部优质农产品开发服务中心、农业部农产品质量安全中心	本部分规定了无公害农产品水果生产质量安全控制的基本要求，包括园地选择、品种选择、肥料使用、病虫草害防治、栽培管理等环节关键点的质量安全控制措施。本部分适用于无公害农产品水果的生产、管理和认证。
NY/T 2798.5—2015		无公害农产品 生产质量安全控制技术规范 第5部分：食用菌	中国农业科学院农业资源与农业区划研究所、农业部农产品质量安全中心、江苏省农业科学院、昆山市正兴食用菌有限公司、中国农业科学院农业质量标准与检测技术研究所	本部分规定了无公害农产品食用菌生产质量安全控制的基本要求，包括产地环境、农业投入品、栽培管理、采后处理等关键环节关键点的质量安全控制技术及要求。本部分适用于无公害农产品食用菌的生产、管理和认证。

（续）

标准号	替代标准	标准名称	起草单位	范围
NY/T 2798.6—2015		无公害农产品 生产质量安全控制技术规范 第6部分：茶叶	农业部优质农产品开发服务中心、农业部农产品质量安全中心、中国农业科学院农业质量标准与检测技术研究所	本部分规定了无公害农产品茶叶生产质量安全控制的基本要求，包括茶园环境、茶树种苗、肥料使用、病虫草害防治、耕作与修剪、鲜叶管理、茶叶加工、包装标识与产品贮运等环节关键点的质量安全控制技术措施。本部分适用于无公害农产品茶叶的生产、管理和认证。
NY/T 2809—2015		澳洲坚果栽培技术规程	中国热带农业科学院南亚热带作物研究所、云南省热带作物科学研究所、广西南亚热带农业科学研究所	本标准规定了园地选择与规划、品种选择、种植、土肥水管理、整形修剪、花果管理、病虫鼠害防治、防灾减灾措施和果实采收等澳洲坚果生产技术。本标准适用于澳洲坚果的种植及生产。
NY/T 2860—2015		冬枣等级规格	山东省农业科学院农业质量标准与检测技术研究所、山东省标准化研究院	本标准规定了冬枣等级规格的要求、抽样方法，包装及标识。本标准适用于冬枣等级规格的划分。

标准号	替代标准	标准名称	起草单位	范 围
NY/T 2861—2015		杨梅良好农业规范	浙江省农业科学院、中国农业科学院农业质量标准与检测技术研究所、浙江省农业厅、台州市黄岩果树技术推广总站	本标准规定了杨梅生产组织管理、质量安全管理、种植操作规范、采收、分组、包装与标识等基本要求。本标准适用用于杨梅生产管理。
NY/T 2867—2015		西花蓟马鉴定技术规范	农业部花卉产品质量监督检验测试中心（昆明）、云南集创园艺科技有限公司、云南省农业科学院花卉研究所、国家观赏园艺工程技术研究中心、云南省花卉育种重点实验室、云南农业大学植物保护学院、云南出入境检验检疫局检验检疫技术中心	本标准以西花蓟马 [*Frankliniella occidentalis* (Pergande)] 成虫的形态特征为鉴定依据，规定了原理、仪器、用具和试剂，取样、实验室鉴定，结果判定等鉴定程序与要求。本标准适用于花卉、蔬菜等作物上西花蓟马的鉴定。
NY/T 2868—2015		大白菜贮运技术规范	山东省农业科学院农业质量标准与检测技术研究所、山东省聊城市农业局	本标准规定了大白菜的基本要求、贮藏、出库（窖）与运输要求。本标准适用于新鲜结球大白菜的贮藏和运输。

（续）

标准号	替代标准	标准名称	起草单位	范 围
NY/T 2869—2015		姜贮运技术规范	山东省农业科学院农业质量标准与检测技术研究所、山东省莱芜市农业局	本标准规定了鲜姜贮运的基本要求、贮藏、出库（窖）与运输的要求。 本标准适用于鲜姜的贮藏和运输。
NY/T 2870—2015		黄麻、红麻纤维线密度的快速检测 显微图像法	中国农业科学院麻类研究所、农业部麻类产品质量监督检验测试中心	本标准规定了用显微图像快速检测黄麻、红麻纤维线密度的试验方法。 本标准适用于黄麻、红麻纤维线密度的测定。
NY/T 5018—2015	NY/T 5018—2001	茶叶生产技术规程	中国农业科学院茶叶研究所	本标准规定了茶叶生产的基础选择规则、茶树种植、土壤管理和施肥、病、虫、草害防治、茶树修剪、茶叶采摘和档案记录。 本标准适用于茶叶的田间生产。

2 畜牧兽医

2.1 动物检疫、兽医与疫病防治、畜禽场环境

标准号	替代标准	标准名称	起草单位	范　　围
NY/T 538—2015	NY/T 538—2002	鸡传染性鼻炎诊断技术	北京市农林科学院畜牧兽医研究所	本标准规定了引起鸡传染性鼻炎的副鸡禽杆菌的技术要求。本标准中规定的临床诊断、分离鉴定、聚合酶链式反应（PCR）技术适用于鸡传染性鼻炎的诊断，血凝抑制试验（鉴定副鸡禽杆菌血清型）适用于鉴定菌株的血清型，血清平板凝集试验、血凝抑制试验（检测副鸡禽杆菌抗体）、间接酶联免疫吸附（ELISA）试验适用于流行病学调查和免疫鸡群抗体的检测。

标准号	替代标准	标准名称	起草单位	范　围
NY/T 544—2015	NY/T 544—2002	猪流行性腹泻诊断技术	中国农业科学院哈尔滨兽医研究所	本标准规定了猪流行性腹泻的病原学检测和血清学检测。病原学检测包括病毒分离与鉴定、直接免疫荧光法、双抗体夹心酶联免疫吸附试验和反转录—聚合酶链式反应。血清学检测包括血清中和试验和间接酶联免疫吸附试验。本标准适用于对猪流行性腹泻的诊断、产地检疫及流行病学调查等。
NY/T 546—2015	NY/T 546—2002	猪传染性萎缩性鼻炎诊断技术	中国农业科学院哈尔滨兽医研究所	本标准规定了猪传染性萎缩性鼻炎的诊断。本标准适用于对猪传染性萎缩性鼻炎的诊断和检疫。
NY/T 548—2015	NY/T 548—2002	猪传染性胃肠炎诊断技术	中国农业科学院哈尔滨兽医研究所	本标准规定了猪传染性胃肠炎的病原学检测和血清学检测。病原学检测包括病毒分离与鉴定、直接免疫荧光法、双抗体夹心酶联免疫吸附试验和反转录—聚合酶链式反应。血清学检测包括血清中和试验和间接酶联免疫吸附试验。本标准适用于对猪传染性胃肠炎的诊断、产地检疫及流行病学调查等。

标准号	替代标准	标准名称	起草单位	范 围
NY/T 553—2015	NY/T 553—2002	禽支原体 PCR 检测方法	中国动物卫生与流行病学中心	本标准规定了禽支原体 PCR（聚合酶链式反应）的检测技术要求。 本标准适用于禽支原体病的流行病学调查和辅助性诊断等。
NY/T 561—2015	NY/T 561—2002	动物炭疽诊断技术	军事医学科学院军事兽医研究所	本标准规定了动物炭疽芽孢杆菌的分离、培养及鉴定方法。 本标准适用于动物炭疽的诊断和检疫以及环境标本中炭疽芽孢杆菌的检测。
NY/T 562—2015	NY/T 562—2002	动物衣原体病诊断技术	中国农业科学院兰州兽医研究所	本标准规定了动物衣原体鸡胚分离与传代培养技术、血清学诊断技术及 PCR 诊断技术。 本标准适用于实验室动物衣原体病的诊断、传代培养和动物衣原体病的诊断。其中，血清学直接补体结合试验（Direct complement fixation test, DCF）适用于哺乳动物（猪除外）和鹦鹉、鸽（7 岁以上老龄鸽除外）衣原体病的诊断；间接补体结合试验（Indirect complement fixation test, ICF）适用于禽类（鹦鹉、鸽除外，

（续）

标准号	替代标准	标准名称	起草单位	范　围
NY/T 562—2015	NY/T 562—2002	动物衣原体病诊断技术	中国农业科学院兰州兽医研究所	但包括老龄鸽）和猪衣原体病的诊断，间接血凝试验（Indirect hemagglutination test，IHA）适用于动物衣原体病的产地检疫、疫情监测和流行病学调查；PCP诊断技术适用于牛、羊、猪和禽衣原体病的诊断。
NY/T 576—2015	NY/T 576—2002	绵羊痘和山羊痘诊断技术	中国兽医药品监察所	本标准规定了绵羊痘和山羊痘（以下简称羊痘）的诊断方法。本标准所规定的临床检查和PCR试验适用于羊痘的诊断以及产地、市场、口岸的现场检疫、中和试验、检疫和流行病学调查；电镜检查、包涵体检查适用于羊痘病原的检测。
NY/T 635—2015	NY/T 635—2002	天然草地合理载畜量的计算	中国科学院地理科学与资源研究所、农业部草原监理中心、全国畜牧总站	本标准规定了天然草地的合理载畜量及其计算指标和方法。本标准适用于计算各类天然草地的合理载畜量。

（续）

标准号	替代标准	标准名称	起草单位	范　围
NY/T 2692—2015		奶牛隐性乳房炎快速诊断技术	中国农业科学院兰州畜牧与兽药研究所	本标准规定了奶牛隐性乳房炎快速诊断技术。 本标准适用于奶牛场泌乳牛的隐性乳房炎现场诊断，但不包括干奶前2周和分娩后1周的泌乳牛。
NY/T 2695—2015		牛遗传缺陷基因检测技术规程	全国畜牧总站、中国农业科学院北京畜牧兽医研究所	本标准规定了牛遗传缺陷基因的检测方法和结果判定。 本标准适用于奶牛和肉牛白细胞黏附缺陷症、瓜氨酸血症、牛尿苷酸合成酶缺乏症、牛脊椎畸形综合征、牛凝血因子XI缺乏症、牛并趾症、牛蜘蛛腿综合征基因的检测。
NY/T 2711—2015		草原监测站建设标准	农业部草原监理中心	本标准规定了草原监测站建设条件、建设内容与规模、主要经济指标等方面的内容。 本标准适用于新建、改建草原监测站的规则、建议书、可行性研究报告和设计等文件编制以及项目的评估、立项、实施、检查和验收。

标准号	替代标准	标准名称	起草单位	范　围
NY/T 2768—2015		草原退化监测技术导则	农业部草原监理中心	本标准规定了天然草原退化监测的方法和要求。 本标准适用于天然草原退化监测。
NY/T 2774—2015		种兔场建设标准	农业部规划设计研究院、中国农业大学动物科技学院	本标准是编制、评估和审批种兔场工程项目可行性研究报告和审查工程项目初步设计和监督、检查项目建设过程的重要依据，也是有关部门审查工程项目建设过程的尺度。 本标准适用于肉用兔种兔场的新建、改建及扩建工程，毛用兔场、皮用兔场的建设可参照执行。
NY/T 2837—2015		蜜蜂瓦螨鉴定方法	中国农业科学院蜜蜂研究所	本标准规定了蜜蜂主体体外寄生瓦螨鉴定方法。 本标准适用于蜜蜂瓦螨——狄斯瓦螨 (*Varroa destructor*)、雅氏瓦螨 (*V. jacobsoni*)、林氏瓦螨 (*V. rindereri*) 和恩氏瓦螨 (*V. underwoodi*) 的鉴定。
NY/T 2838—2015		禽沙门氏菌病诊断技术	扬州大学、中国动物卫生与流行病学中心	本标准规定了禽沙门氏菌病的诊断技术操作规范。 本标准适用于禽沙门氏菌病的诊断和禽沙门氏菌携带者判定。

标准号	替代标准	标准名称	起草单位	范　围
NY/T 2839—2015		致仔猪黄痢大肠杆菌分离鉴定技术	中国动物卫生与流行病学中心、扬州大学、青岛易邦生物工程有限公司	本标准规定了致仔猪黄痢大肠杆菌分离鉴定的操作程序和判定标准。 本标准适用于致仔猪黄痢大肠杆菌的分离鉴定。
NY/T 2840—2015		猪细小病毒间接 ELISA 抗体检测方法	中国动物卫生与流行病学中心	本标准规定了细小病毒科细小病毒属的猪细小病毒抗体的间接 ELISA 检测方法。 本标准适用于猪细小病毒抗体监测以及流行病学调查。
NY/T 2841—2015		猪传染性胃肠炎病毒 RT－nPCR 检测方法	中国动物卫生与流行病学中心、东北农业大学、河南农业大学、河南牧业经济学院	本标准规定了检测猪传染性胃肠炎病毒 RT－nPCR 方法的技术要求。 本标准适用于检测疑似感染猪传染性胃肠炎病毒的猪的新鲜粪便、小肠组织及肠内容物和细胞培养物中的核酸，可作为猪传染性胃肠炎的辅助诊断方法和细胞培养物中猪传染性胃肠炎病毒的鉴定。

（续）

标准号	替代标准	标准名称	起草单位	范　　围
NY/T 2842—2015		动物隔离场所动物卫生规范	上海市动物卫生监督所、中国动物疫病预防控制中心	本标准规定了动物隔离场所的基本要求、动物隔离检验和档案信息等内容。本标准适用于跨省、自治区、直辖市引进乳用、种用动物或输入到达输入地后，种用动物疫病区相关动物到达输入地后，对易感动物进行隔离观察的隔离场所。
NY/T 2843—2015		动物及动物产品运输兽医卫生规范	北京市动物卫生监督所	本标准规定了动物及动物产品运输前、运输中、运输后的兽医卫生要求。本标准适用于动物及动物产品的运输。

2.2　畜禽屠宰

标准号	替代标准	标准名称	起草单位	范　　围
NY/T 2798.12—2015		无公害农产品 生产质量安全控制技术规范 第12部分：畜禽屠宰	中国农业科学院农业质量标准与检测技术研究所、农业部农产品质量安全中心、全国畜牧总站	本部分规定了无公害畜禽屠宰生产质量安全控制的厂区以及环境、车间及设施设备、畜禽来源、宰前检验检疫、屠宰加工过程控制、宰后检验检疫、产品检验、无害化处理、包装与贮运、可追溯管理和生产记录等关键环节质量安全控制的技术要求。本部分适用于大宗畜禽无公害屠宰生产、牛、羊、鸡、鸭等大宗畜禽屠宰过程的生产、管理和认证。

2.3 畜禽及其产品

标准号	替代标准	标准名称	起草单位	范　围
NY/T 1160—2015	NY/T 1160—2006	蜜蜂饲养技术规范	中国农业科学院蜜蜂研究所、农业部蜂产品质量监督检验测试中心（北京）	本标准规定了蜜蜂饲养的养蜂场地、蜂场卫生保洁和消毒、饲料、蜂机具卫生及卫生消毒、蜂种、蜂群饲养管理的常用技术、增长阶段管理、蜂产品生产阶段管理、越夏阶段管理、越冬准备阶段管理、越冬阶段管理、蜜蜂病敌害防治、记录等技术方法。本标准适用于西方蜜蜂（Apis mellifera）的活框饲养。
NY/T 2690—2015		蒙古羊	内蒙古自治区家畜改良工作站、内蒙古自治区锡林郭勒盟畜牧工作站	本标准规定了蒙古羊的品种来源、品种特征、生产性能、等级评定方法等。本标准适用于蒙古羊的品种鉴定和等级评定。
NY/T 2691—2015		内蒙古细毛羊	内蒙古自治区家畜改良工作站、内蒙古自治区锡林郭勒盟畜牧工作站	本标准规定了内蒙古细毛羊的品种特征、生产性能以及等级评定方法。本标准适用于内蒙古细毛羊的品种鉴定和等级评定。

标准号	替代标准	标准名称	起草单位	范　　围
NY/T 2763—2015		准猪	安徽省畜牧技术推广总站、安徽农业大学、江苏省畜牧总站、国营江苏省东海种猪场、定远县种畜场、江苏省农业科学院畜牧研究所、河南科技大学	本标准规定了准猪的产地与分布、体型外貌、生产性能、测定方法、种猪合格判定、种猪出场条件等。本标准适用于准猪品种鉴别。
NY/T 2764—2015		金陵黄鸡配套系	广西金陵农牧集团、隆安凤鸣农牧有限公司	本标准规定了金陵黄鸡配套系父母代、商品代的体型外貌特征、生产性能及测定方法。本标准适用于金陵黄鸡配套系。
NY/T 2765—2015		獭兔饲养管理技术规范	四川省草原科学研究院、四川省仪陇县牧业局	本标准规定了獭兔饲养管理过程中的獭兔饲养场环境与笼舍、引种、饲料、饲养管理、种兔选留、商品獭兔出栏质量及生产、兽药使用、商品獭兔出栏质量及生产档案要求。本标准适用于獭兔饲养与管理。
NY/T 2766—2015		牦牛生产性能测定技术规范	中国农业科学院兰州畜牧与兽药研究所、甘肃省畜牧科学研究所、甘南藏族自治州省畜牧科学研究院、四川省草原科学研究院	本标准规定了牦牛生产性能测定的内容和方法。本标准适用于牦牛生产性能测定。

标准号	替代标准	标准名称	起草单位	范　围
NY/T 2781—2015		羊胴体等级规格评定规范	中国农业科学院农产品加工研究所、内蒙古蒙都羊业食品有限公司、蒙羊牧业股份有限公司、阜新关东肉业有限公司	本标准规定了羊胴体等级规格的术语和定义、等级规格、评定方法。本标准适用于羊胴体等级规格的评定。
NY/T 2792—2015		蜂产品感官评价方法	中国农业科学院蜜蜂研究所	本标准规定了蜂产品感官评价的术语和定义、评价条件、参比样品的制备与保存、评价方法和依据样品以及结果计算与判定。本标准适用于蜜蜂、蜂王浆、蜂花粉和蜂胶4种蜂产品的感官评价。
NY/T 2798.7—2015		无公害农产品　生产质量安全控制技术规范　第7部分：家畜	全国畜牧总站、农业部农产品质量安全中心、中国检验认证集团检验有限公司	本部分规定了无公害家畜饲养场的场址和设施、家畜引进、饮用水、饲料、兽药、饲养管理、疫病防治、无害化处理和记录等质量安全控制的技术要求。本部分适用于无公害农产品猪、肉牛、肉羊、肉兔的生产、管理和认证；以产肉为主的其他家畜品种也可参照执行。

标准号	替代标准	标准名称	起草单位	范　围
NY/T 2798.8—2015		无公害农产品　生产质量安全控制技术规范　第8部分：肉禽	全国畜牧总站、农业部农产品质量安全中心、中国农业科学院农业质量标准与检测技术研究所	本部分规定了无公害肉禽饲养的场址环境选择、投入品使用、饲养管理、疫病防治、无害化处理和记录等质量安全控制的技术及要求。本部分适用于无公害农产品肉禽的生产、管理和认证。
NY/T 2798.9—2015		无公害农产品　生产质量安全控制技术规范　第9部分：生鲜乳	全国畜牧总站、农业部农产品质量安全中心、河北省畜牧兽医局	本部分规定了无公害生鲜乳生产过程中产地环境、奶牛引进、饲用水、饲料、兽药、管理、疫病防控、挤奶操作、贮存运输、无害化处理和记录等质量安全控制的技术及要求。本部分适用于无公害农产品生鲜乳的生产、管理和认证。
NY/T 2798.10—2015		无公害农产品　生产质量安全控制技术规范　第10部分：蜂产品	中国农业科学院蜜蜂研究所、农业部蜂产品质量监督检验测试中心（北京）、农业部农产品质量安全中心	本部分规定了无公害蜂产品生产过程中的质量安全控制基本要求，包括生产场设置、养蜂机具、蜂群饲养管理、用药管理、卫生管理、蜂产品采收和贮运等。本部分适用于无公害蜂产品的生产、管理和认证。

标准号	替代标准	标准名称	起草单位	范围
NY/T 2798.11—2015		无公害农产品 生产质量安全控制技术规范 第11部分：鲜禽蛋	中国动物卫生与流行病学中心、青岛农业大学、农业部农产品质量安全中心	本部分规定了无公害鲜禽蛋生产的场址和设施、畜禽引进、饮用水、饲料和饲料添加剂、兽药、饲养管理、疫病防控、无害化处理、包装和贮运以及记录等技术要求。 本部分适用于无公害农产品鲜禽蛋的生产、管理和认证。
NY/T 2821—2015		蜂胶中咖啡酸苯乙酯的测定 液相色谱—串联质谱法	农业部农产品及转基因产品质量安全监督检验测试中心（杭州）、杭州蜂之语蜂业股份有限公司	本标准规定了蜂胶中咖啡酸苯乙酯的液相色谱—串联质谱测定方法。 本标准适用于蜂胶乙醇提取及蜂胶胶囊中咖啡酸苯乙酯的测定。 本标准方法最低检出限为3mg/kg，定量限为103mg/kg。
NY/T 2822—2015		蜂产品中砷和汞的形态分析 原子荧光法	农业部农产品及转基因产品质量安全监督检验测试中心（杭州）	本标准规定了采用原子荧光法测定蜂蜜、蜂花粉、蜂王浆及其冻干粉中砷和汞形态的分析方法。 本标准适用于蜂蜜、蜂花粉、蜂王浆及其冻干粉中无机砷（亚砷酸根与砷酸根的总和）、一甲基胂酸（MMA）、二甲基胂酸（DMA）、无机汞、甲基汞和乙基汞的测定。

（续）

标准号	替代标准	标准名称	起草单位	范围
NY/T 2823—2015		八眉猪	西北农林科技大学、甘肃省畜牧兽医大学、全国畜牧总站、中国农业大学	本标准规定了八眉猪的中心产区与分布、体型外貌、生产性能、测定方法、种猪合格判定和种猪出场条件等。 本标准适用于八眉猪的品种鉴别。
NY/T 2824—2015		五指山猪	中国农业科学院北京畜牧兽医研究所、海南省农业科学院畜牧兽医研究所	本标准规定了五指山猪的产地与分布、体型外貌、繁殖性能、生长肥育、胴体性能、测定方法、种猪合格评定及出场要求等内容。 本标准适用于五指山猪的鉴别。
NY/T 2825—2015		滇南小耳猪	全国畜牧总站、云南农业大学动物科学技术学院、云南邦格农业集团有限公司、云南省家畜改良工作站	本标准规定了滇南小耳猪的产地与分布、体型外貌、繁殖性能、肥育性能、胴体性能、肌肉品质、生产性能测定方法、种猪合格评定及种猪出场要求。 本标准适用于滇南小耳猪品种鉴别。
NY/T 2826—2015		沙子岭猪	湘潭市畜牧兽医水产局、全国畜牧总站、湖南农业大学、湘潭市家畜育种站、湘潭飞龙牧业有限公司	本标准规定了沙子岭猪的品种特征、生产性能测定及种猪出场要求等内容。 本标准适用于沙子岭猪品种鉴别。

标准号	替代标准	标准名称	起草单位	范　　围
NY/T 2827—2015		简州大耳羊	四川省简阳大哥大牧业有限公司、西南民族大学、四川省畜牧科学研究院、四川农业大学、四川省畜牧总站、全国畜牧总站	本标准规定了简州大耳羊的品种来源及特性、体型外貌、生产性能、等级评定和种用鉴定。本标准适用于简州大耳羊的品种鉴定和等级鉴定。
NY/T 2828—2015		蜀宣花牛	四川省畜牧科学研究院、全国畜牧总站、四川省畜牧总站、宣汉县畜牧食品局	本标准规定了蜀宣花牛的品种来源、体型外貌、生产性能、等级评定及种用要求。本标准适用于蜀宣花牛品种鉴别、选育、等级评定。
NY/T 2829—2015		甘南牦牛	中国农业科学院兰州畜牧与兽药研究所、全国畜牧总站、甘南藏族自治州畜牧科学研究所	本标准规定了甘南牦牛的品种来源、体型外貌、生产性能、性能测定及等级评定。本标准适用于甘南牦牛品种鉴定、等级评定。

标准号	替代标准	标准名称	起草单位	范　　围
NY/T 2830—2015		山麻鸭	全国畜牧总站、福建省畜牧总站、江苏省家禽科学研究所、龙岩山麻鸭原种场	本标准规定了山麻鸭的原产地和品种特性、体型外貌、成年体重和体尺、生产性能及测定方法。 本标准适用于山麻鸭品种的鉴别。
NY/T 2831—2015		伊犁马	新疆农业大学、全国畜牧总站、伊犁种马场、新疆维吾尔自治区伊犁哈萨克自治州科技局、新疆畜牧科学院、新疆维吾尔自治区畜牧总站	本标准规定了伊犁马的品种特征、生产性能、等级鉴定的基本要求。 本标准适用于伊犁马鉴别鉴定
NY/T 2832—2015		汶上芦花鸡	山东省农业科学院家禽研究所、济宁市畜牧站、江苏省家禽科学研究所	本标准规定了汶上芦花鸡的原产地和品种特性、体型外貌、成年体重和体尺、生产性能、蛋白品质与测定方法。 本标准适用于汶上芦花鸡品种的鉴别。

（续）

标准号	替代标准	标准名称	起草单位	范 围
NY/T 2833—2015		陕北白绒山羊	陕西省畜牧技术推广总站、陕西省畜牧兽医局、陕西省榆林市畜牧兽医局、陕西省榆林市畜牧技术研究与推广所、陕西省延安市畜牧技术推广站、榆林学院	本标准规定了陕北白绒山羊的品种来源、品种特性、外貌特征、生产性能、等级评定和测定方法。本标准适用于陕北白绒山羊的品种鉴定和等级评定。
NY/T 2835—2015		奶山羊饲养管理技术规范	山东农业大学、山东省畜牧总站、畜牧兽医研究所、文登市畜牧兽医服务中心	本标准规定了奶山羊的饲养管理、挤奶操作、日常管理和生产记录的基本要求。本标准适用于奶山羊养殖场、养殖小区和养殖户。
NY/T 2836—2015		肉牛胴体分割规范	中国农业科学院农业质量标准与检测技术研究所、中国农业科学院北京畜牧兽医研究所、南京农业大学、江苏雨润食品产业集团有限公司	本标准规定了分割牛肉生产的胴体原料、车间布局及设施设备、人员要求、分割规范、分割肉质量要求、标识与储运、包装。本标准适用于肉牛的胴体分割。

2.4 畜禽饲料与添加剂

标准号	替代标准	标准名称	起草单位	范　围
NY/T 2694—2015		饲料添加剂氨基酸锰络及蛋白锰络（螯）合强度的测定	中国农业科学院北京畜牧兽医研究所，哈尔滨德邦鼎立生物科技有限公司，济宁和实生物科技有限公司	本标准规定了饲料添加剂氨基酸锰及蛋白锰络（螯）合强度的测定方法。本标准适用于饲料添加剂氨基酸锰及蛋白锰络（螯）合强度的测定。
NY/T 2696—2015		饲草青贮技术规程玉米	中国农业大学，山西农业大学，全国畜牧总站，河北省农林科学院旱作农业研究所，沈阳农业大学	本标准规定了玉米的贮前准备、原料、切粹、装填与压实，密封、贮后管理，取饲等技术要求。本标准适用于全株玉米青贮饲料的生产。
NY/T 2697—2015		饲草青贮技术规程紫花苜蓿	中国农业大学，内蒙古自治区农牧业科学院，全国畜牧总站，沈阳农业大学，山西农业大学	本标准规定了紫花苜蓿的青贮方式、贮前准备、原料、切粹、添加剂使用、打捆或装填、裹包或管贮、贮后管理等技术要求。本标准适用于紫花苜蓿青贮饲料的生产。

标准号	替代标准	标准名称	起草单位	范围
NY/T 2698—2015		青贮设施建设技术规范 青贮窖	中国农业大学、内蒙古自治区农牧科学院、全国畜牧总站、河北省农林科学院	本标准规定了青贮窖建设的基本要求、建设规模、施工设计、材料选择及施工技术要点等。本标准适用于青贮窖建设。
NY/T 2700—2015		草地测土施肥技术规程 紫花苜蓿	中国农业科学院北京畜牧兽医研究所、甘肃农业大学、中国农业大学	本标准规定了人工种植的紫花苜蓿 (Medicago sativa L.) 草地土壤养分测试和推荐施肥的方法和指标。本标准适用于紫花苜蓿草地的土壤养分诊断和推荐施肥。
NY/T 2701—2015		人工草地杂草防除技术规范 紫花苜蓿	中国农业大学、全国畜牧总站、四川省草原科学研究院	本标准规定了紫花苜蓿草地的杂草调查和防除方法。本标准适用于紫花苜蓿草地管理中的杂草防除。
NY/T 2702—2015		紫花苜蓿主要病害防治技术规程	兰州大学草地农业科技学院、农业部牧草与草坪草种子质量监督检验测试中心（兰州）、草地农业生态系统国家重点实验室	本标准规定了紫花苜蓿病害识别与诊断、调查、分组标准及防治技术等内容。本标准适用于紫花苜蓿褐斑病 [Pseudopeziza medicaginis (Lib.) Sacc]、霜霉病 (Peronospora aestivalis Syd.)、白粉病 (Erysiphe pisi DC.、Leveillula leguminosarum Golov.)、锈病 (Uromyces striatus Schroet.) 的防治。

（续）

标准号	替代标准	标准名称	起草单位	范　围
NY/T 2703—2015		紫花苜蓿种植技术规程	中国农业科学院草原研究所、中国农业大学、中国农业科学院北京畜牧兽医研究所、甘肃农业大学、新疆农业大学	本标准规定了紫花苜蓿（*Medicago sativa* L.）在饲草生产种植过程中的土壤选择、种子准备、苗床准备、播种和田间管理等内容。 本标准适用于北方地区紫花苜蓿种植。
NY/T 2767—2015		牧草病害调查与防治技术规程	中国农业大学、全国畜牧总站	本标准规定了牧草病害调查方法和灾情分级标准，规范了病害防治方法及调查资料收集、汇总要求。 本标准适用于牧草侵染性病害调查和防治。
NY/T 2769—2015		牧草中 15 种生物碱的测定　液相色谱—串联质谱法	中国农业科学院农业质量标准与检测技术研究所	本标准规定了牧草中双氢麦角汀、麦角柯宁碱、麦角克碱、麦角异角碱、麦角异角卡里光辛、阿托品、莨菪碱、肾形干里光碱、千里光非灵、野百合碱、千里光宁和东莨菪碱 15 种生物碱含量的液相色谱—串联质谱测定方法。 本标准适用于牧草上述 15 种生物碱单个或多个成分含量的测定。 本标准方法的检出限和定量限：上述 15 种生物碱的检出限为 0.005mg/kg，定量限为 0.01mg/kg。

标准号	替代标准	标准名称	起草单位	范围
NY/T 2770—2015		有机铬添加剂（原粉）中有机态铬的测定	中国农业科学院北京畜牧兽医研究所、哈尔滨德邦鼎立生物科技有限公司	本标准规定了有机铬饲料添加剂（原粉）中有机态铬的测定方法。本标准适用于以三氯化铬为原料生产的铬含量≥9%的有机铬饲料添加剂（吡啶甲酸铬、烟酸铬和蛋氨酸铬）原粉中有机态铬的测定。
NY/T 2771—2015		农村秸秆青贮氨化设施建设标准	河南畜牧规划设计研究院、河南省饲草饲料站	本标准规定了新建、改（扩）建农村秸秆氨化设施的建设、项目建议书、可行性研究报告和初步设计等文件编制，以及项目建设内容、检查和验收。秸秆青贮池、氨化池在农村秸秆青贮氨化设施中具有代表性、青贮池也可以用于秸秆氨化。本标准适用于秸秆青贮池、氨化池。其他秸秆青贮氨化永久性设施可参照本标准。
NY/T 2834—2015		草品种区域试验技术规程 豆科牧草	全国畜牧总站、全国草品种审定委员会、中国农业科学院北京畜牧兽医研究所、中国热带农业科学院热带作物品种资源研究所、四川省草原工作总站、湖北省草原畜牧兽医研究所	本标准规定了豆科牧草品种区域试验的试验设置、播种材料要求、田间管理、观测记载、数据整理等内容。本标准适用于豆科牧草。

标准号	替代标准	标准名称	起草单位	范　　围
农业部 2224 号公告—1—2015		饲料中赛地卡霉素的测定 高效液相色谱法	中国农业科学院农业质量与标准检测技术研究所	本标准规定了饲料中赛地卡霉素含量测定的高效液相色谱方法。 本标准适用于配合饲料、添加剂预混合饲料、浓缩饲料及精料补充料中赛地卡霉素的测定。 本方法的检出限为 0.3mg/kg，定量限为 1mg/kg。
农业部 2224 号公告—2—2015		饲料中炔雌醇的测定 高效液相色谱法	广东省农业科学院农产品公共监测中心	本标准规定了饲料中炔雌醇含量测定的高效液相色谱方法。 本标准适用于配合饲料、添加剂预混合饲料、浓缩饲料及精料补充料中炔雌醇的测定。 本方法的检出限为 0.5mg/kg，定量限为 0.12mg/kg（添加剂预混合饲料为 0.20mg/kg）。
农业部 2224 号公告—3—2015		饲料中雌二醇的测定 液相色谱—串联质谱法	中国农业科学院农业质量与标准检测技术研究所	本标准规定了饲料中雌二醇含量测定的液相色谱—串联质谱方法。 本标准适用于配合饲料、添加剂预混合饲料、浓缩饲料及精料补充料中雌二醇的测定。 本方法的检出限为 1ug/kg，定量限为 2.5ug/kg。适用浓度范围为 2.5ug/kg～500ug/kg。

（续）

标准号	替代标准	标准名称	起草单位	范围
农业部 2224 号公告—4—2015		饲料中苯丙酸诺龙的测定 高效液相色谱法	广东省农业科学院农产品公共监测中心	本标准规定了饲料中苯丙酸诺龙含量测定的高效液相色谱方法。本标准适用于配合饲料、添加剂预混合饲料、浓缩饲料及精料补充料中苯丙酸诺龙的测定。本方法的检出限为 0.1mg/kg，定量限为 0.5mg/kg。
农业部 2349 号公告—1—2015		饲料中妥曲珠利的测定 高效液相色谱法	南京农业大学动物医学院、瑞普（天津）生物药业有限公司	本标准规定了饲料中妥曲珠利含量的高效相色谱检测方法。本标准适用于配合饲料、浓缩饲料、添加剂预混合饲料中妥曲珠利的测定。配合饲料和浓缩饲料的检测限和定量限分别为 0.2mg/kg 和 0.5mg/kg；添加剂预混合饲料的检测限和定量限分别为 0.2mg/kg 和 1.0mg/kg。
农业部 2349 号公告—2—2015		饲料中赛杜霉素钠的测定 柱后衍生高效液相色谱法	农业部农产品质量安全监督检验测试中心（宁波）、宁波出入境检验检疫局	本标准规定了饲料中赛杜霉素钠含量的柱后衍生高效液相色谱测定方法。本标准适用于畜禽配合饲料、浓缩饲料和预混合饲料中赛杜霉素钠的测定。本标准的方法检出限为 0.75mg/kg，定量限为 2.0mg/kg。

标准号	替代标准	标准名称	起草单位	范围
农业部 2349 号公告—3—2015		饲料中巴氯芬的测定 高效液相色谱法	上海市兽药饲料检测所	本标准规定了饲料中巴氯芬含量测定的高效液相色谱方法。本标准适用于配合饲料、浓缩饲料及预混合饲料中巴氯芬的测定。本标准的检出限为0.5mg/kg，定量限为1.0mg/kg。
农业部 2349 号公告—4—2015		饲料中可乐定和赛庚啶的测定 高效液相色谱法	上海市兽药饲料检测所	本标准规定了饲料中可乐定和赛庚啶含量测定的高效相色谱法。本标准适用于配合饲料、浓缩饲料及添加剂预混合饲料中可乐定和赛庚啶的测定。本标准的检出限为0.25mg/kg，定量限为0.5mg/kg。
农业部 2349 号公告—5—2015		饲料中磺胺类和喹噁啉类药物的测定 液相色谱—串联质谱法	河南省兽药饲料产品质量监察所、农业部农产品质量安全监督检验测试中心（宁波）	本标准规定了饲料中磺胺醋酰、磺胺嘧啶、磺胺甲基嘧啶、磺胺二甲基嘧啶、磺胺甲噁唑、磺胺甲基异噁唑、磺胺二甲异噁唑、磺胺对甲氧嘧啶、磺胺间甲氧嘧啶、磺胺邻二甲氧嘧啶、磺胺甲氧哒嗪、磺胺氯哒嗪、磺胺间二甲氧嘧啶、磺胺间甲氧嘧啶、磺胺噻唑、磺胺嘧啶、磺胺硝苯、甲氧苄啶、磺胺氯吡嗪共21种磺胺类药物和萘啶酸、恶喹酸、氟甲喹、诺氟沙星、环丙沙星、

标准号	替代标准	标准名称	起草单位	范 围
农业部 2349 号公告—5—2015		饲料中磺胺类和喹诺酮类药物的测定 液相色谱—串联质谱法	河南省兽药饲料监察所、农业部农产品质量安全监督检验测试中心（宁波）	培氟沙星、西诺沙星、洛美沙星、恩诺沙星、那氟沙星、氧氟沙星、沙拉沙星共 12 种喹诺酮类药物含量测定的液相色谱质谱方法。 本标准适用于配合饲料、浓缩饲料、添加剂预混合饲料中磺胺类和喹诺酮类药物的测定。 本标准检出限为 0.05mg/kg，定量限为 0.10mg/kg。
农业部 2349 号公告—6—2015		饲料中硝基咪唑类、硝基呋喃类和喹噁啉类药物的测定 液相色谱—串联质谱法	河南省兽药饲料监察所	本标准规定了饲料中异丙硝唑、甲硝唑、替硝唑、塞克硝唑、卡硝唑、奥硝、地美硝唑、罗硝唑 8 种硝基咪唑类药物，呋喃唑酮、呋喃它酮、呋喃西林 4 种硝基呋喃类药物代谢安因、呋喃西林 4 种硝基呋喃类药物和卡巴氧、喹乙醇、乙酰甲喹、喹烯酮 4 种喹噁啉类药物含量测定的液相色谱—串联质谱方法。 本标准适用于畜禽配合饲料、浓缩饲料、添加剂预混合饲料和精料补充料中硝基咪唑类、硝基呋喃类和喹噁啉类药物的测定。 本标准检出限为 0.05mg/kg，定量限为 0.10mg/kg。

标准号	替代标准	标准名称	起草单位	范　围
农业部 2349 号公告—7—2015		饲料中司坦唑醇的测定 液相色谱—串联质谱法	河南省兽药饲料监察所	本标准规定了饲料中司坦唑醇含量的测定液相色谱—串联质谱方法。本标准适用于配合饲料、浓缩饲料、添加剂预混合饲料、精料补充料中司坦唑醇的测定。本标准检出限为 0.02mg/kg，定量限为 0.05mg/kg。
农业部 2349 号公告—8—2015		饲料中二甲氧苄氨嘧啶、三甲氧苄氨嘧啶和二甲氧苄基甲氧苄氨嘧啶的测定 液相色谱—串联质谱法	中国农业科学院兰州畜牧与兽药研究所	本标准规定了饲料中二甲氧苄氨嘧啶、三甲氧苄氨嘧啶和二甲氧苄基甲氧苄氨嘧啶测定的液相色谱—串联质谱法。本标准适用于畜禽配合饲料、浓缩饲料和添加剂预混合饲料中二甲氧苄氨嘧啶、三甲氧苄氨嘧啶和二甲氧苄基甲氧苄氨嘧啶含量的测定。本标准检出限为 0.02mg/kg，定量限为 0.04mg/kg。

3 渔业

3.1 水产养殖

标准号	替代标准	标准名称	起草单位	范　　围
NY/T 2693—2015		斑点叉尾鮰配合饲料	福建省淡水水产研究所	本标准规定了斑点叉尾鮰配合饲料的产品分类、要求、试验方法、检验规则及标签、包装、运输、储存和保质期。 本标准适用于斑点叉尾鮰硬颗粒配合饲料和膨化颗粒配合饲料。
NY/T 2713—2015		水产动物表观消化率测定方法	中国农业科学院饲料研究所、国家水产饲料安全评价基地	本标准规定了水产动物对配合饲料、饲料原料及磷酸盐表观消化率的测定方法，包括标记物的选择、实验饲料的配制、实验鱼的饲养与样品的采集、分析方法和结果的计算公式。 本标准适用于水产动物对配合饲料、饲料原料及磷酸盐中某营养成分的表观消化率的测定。

标准号	替代标准	标准名称	起草单位	范　围
SC/T 3049—2015		刺参及其制品中海参多糖的测定　高效液相色谱法	中国海洋大学、大连獐子岛渔业集团股份有限公司、山东东方海洋科技股份有限公司、中国水产科学院黄海水产研究所	本标准规定了刺参（Apostichopus japonicus）及以刺参、即食刺参、胶囊、浆液等的干刺参加工为原料而成深加工品中海参多糖含量的高效液相色谱测定方法。 本标准适用于刺参（Apostichopus japonicus）及以刺参、即食刺参、胶囊、浆液等的干刺参加工而成深加工品中海参多糖含量的测定。
SC/T 6055—2015		养殖水处理设备　微滤机	中国水产科学研究院渔业机械仪器研究所	本标准规定了养殖水处理设备微滤机（以下简称"微滤机"）的术语和定义、型号、技术要求、试验方法、检验规则以及标志、运输、包装和储存等内容。 本标准适用于去除水中颗粒杂质、过滤部件具有自动反冲洗功能的微滤机。
SC/T 6056—2015		水产养殖设施　名词术语	中国水产科学研究院渔业机械仪器研究所、上海海洋大学、中国水产科学研究院珠江水产研究所	本标准规定了水产养殖设施的基本名词术语及定义。 本标准适用于水产养殖设施的科学研究、设计制造、教学和生产管理等。

（续）

标准号	替代标准	标准名称	起草单位	范 围
SC/T 9417—2015		人工鱼礁资源养护效果评价技术规范	中国水产科学研究院南海水产研究所	本标准规定了与人工鱼礁资源养护效果相关的调查、评价、报告编写、资料和成果归档等。本标准适用于人工鱼礁资源养护效果的调查和评价。
SC/T 9418—2015		水生生物增殖放流技术规范 鲷科鱼类	中国水产科学研究院南海水产研究所	本标准规定了鲷科（Sparidae）鱼类增殖放流的海域条件、增殖放流鱼种的质量和要求、检验检疫方法与规则、苗种计数、苗种运输、增殖放流、资源保护与监测以及效果调查与评价等。本标准适用于鲷科鱼类的增殖放流。
SC/T 9419—2015		水生生物增殖放流技术规范 中国对虾	山东省水生生物资源养护管理中心	本标准规定了中国对虾（Fennero-penaeus chinensis）增殖放流的海域条件、本底调查、放流物种质量、检验放流时间、放流操作、放流资源保护与监测、效果评价等技术要求。本标准适用于中国对虾增殖放流。

标准号	替代标准	标准名称	起草单位	范围
SC/T 9420—2015		水产养殖环境（水体、底泥）中多溴联苯醚的测定 气相色谱—质谱法	农业部水产种质与渔业环境质量监督检验测试中心（青岛）、中国水产科学研究院黄海水产研究所	本标准规定了水产养殖环境（水体、底泥）中 BDE-3、BDE-15、BDE-28、BDE-47、BDE-99、BDE-100、BDE-153、BDE-154、BDE-183、BDE-203、BDE-206 和 BDE-209 等 12 种多溴联苯醚的气相色谱—质谱测定方法。本标准适用于水产养殖环境（水体、底泥）中 12 种多溴联苯醚的测定。
SC/T 9421—2015		水生生物增殖放流技术规范 日本对虾	山东省水生生物资源养护管理中心	本标准规定了日本对虾（Penaeus japonicus）增殖放流的海域条件、底质调查、放流物种质量、检验、放流时间、放流操作、效果评价等技术要求。本标准适用于日本对虾的增殖放流。
SC/T 9422—2015		水生生物增殖放流技术规范 鲆鲽类	山东省水生生物资源养护管理中心	本标准规定了鲆鲽类放流海域条件、本底调查、放流物种质量、检验、放流时间、放流操作、放流资源保护与监测、效果评价等技术要求。本标准适用于褐牙鲆、黄盖鲽、半滑舌鳎等鲆鲽类的增殖放流。

3.2 水产品

标准号	替代标准	标准名称	起草单位	范　围
NY/T 2798.13—2015		无公害农产品生产质量安全控制技术规范 第13部分：养殖水产品	中国水产科学研究院、农业部农产品质量安全中心	本部分规定了无公害养殖水产品生产过程，包括产地环境、养殖投入品管理、收获、销售和储运管理等环节的关键点质量安全控制技术及要求。 本部分适用于无公害养殖水产品的生产、管理和认证。
SC/T 1123—2015		翘嘴白	华中农业大学、中国水产科学研究院长江水产研究所	本标准给出了翘嘴白（Culter alburnus Basilewsky, 1855）的主要形态构造特征、生长和繁殖特性、细胞遗传学特性、生化遗传学特征和检测方法。 本标准适用于翘嘴白的种质检测和鉴定。
SC/T 1124—2015		黄颡鱼　亲鱼和苗种	华中农业大学、湖北大明水产科技股份公司	本标准给出了黄颡鱼［Pelteobagrus fulvidraco (Richardson)］亲鱼和苗种规格、质量要求、检验方法、检验规则与运输要求。 本标准适用于黄颡鱼亲鱼和苗种的质量检验和评定。

标准号	替代标准	标准名称	起草单位	范　围
SC/T 2068—2015		凡纳滨对虾　亲虾和苗种	中国水产科学研究院珠江水产研究所	本标准给出了凡纳滨对虾（Litopenaeus vannamei Boone）亲虾和苗种的来源、质量要求、检验规则和运输要求。本标准适用于凡纳滨对虾亲虾和苗种的质量评定。
SC/T 2072—2015		马氏珠母贝　亲贝和苗种	中国水产科学研究院南海水产研究所	本标准规定了马氏珠母贝（Pinctada fucata martensii Gould）亲贝和苗种的质量要求、检验方法、检验规则及运输要求。本标准适用于马氏珠母贝亲贝和苗种的质量评定。
SC/T 2079—2015		毛蚶　亲贝和苗种	大连海洋大学、盘锦光合蟹业有限公司、辽宁省水产技术推广总站	本标准规定了毛蚶（Pinctada fucata martensii Gould）亲贝和苗种的来源、规格、质量要求、检验方法、检验规则计数方法和运输要求。本标准适用于毛蚶养殖中的亲贝和苗种的质量评定。

（续）

标准号	替代标准	标准名称	起草单位	范　围
SC/T 3203—2015		调味生鱼干	中国水产科学研究院黄海水产研究所、石狮市华宝明祥食品有限公司、中国水产舟山海洋渔业公司	本标准规定了调味生鱼干的要求、试验方法、检验规则、标识、包装、运输及贮存。本标准适用于以鱼类为原料，经去头、去内脏、剖片（或不剖片）、漂洗、调味、烘干等工序制成的非即食调味鱼干产品。
SC/T 3210—2015		盐渍海蜇皮和盐渍海蜇头	中国水产科学研究院南海水产研究所	本标准规定了盐渍海蜇皮和盐渍海蜇头的要求、试验方法、检验规则、标识、包装、运输、贮存。本标准适用于海蜇及黄斑海蜇海等食用水母经矾盐提干的非即食的加工制品。
SC/T 3218—2015		干江蓠	中国水产科学研究院南海水产研究所	本标准规定了干江蓠的要求、检验方法、检验规则、标签、包装、贮存及运输要求。本标准适用于以江蓠鲜品为原料制成的干品。包括食用和工业用干江蓠。

（续）

标准号	替代标准	标准名称	起草单位	范　围
SC/T 3219—2015		干鲍鱼	中国水产科学研究院南海水产研究所	本标准规定了干鲍鱼的要求、试验方法、检验规则及标签、包装、运输及贮存。 本标准适用于以鲜活、冻鲍鱼为原料，经取肉、去内脏、煮制、干燥、整形等工序加工而成的产品。

3.3　渔药及疾病检疫

标准号	替代标准	标准名称	起草单位	范　围
SC/T 7019—2015		水生动物病原微生物实验室保存规范	上海海洋大学	本标准规定了水生动物病原微生物保存的术语和定义、基本要求、保存方法和记录要求。 本标准适用于水生动物病原微生物的收集、整理、保存过程中有关特征的基本数据和基本描述和信息的采集。

(续)

标准号	替代标准	标准名称	起草单位	范围
SC/T 7218.1—2015		指环虫病诊断规程 第1部分：小鞘指环虫病	河北省水产养殖病害防治监测总站	本部分规定了小鞘指环虫病的流行情况与临床症状，以及小鞘指环虫采集与固定、形态学鉴定和分子检测的方法。本部分适用于鲢、鳙等淡水鱼类患小鞘指环虫病的流行病学调查、诊断、监测和检疫。
SC/T 7218.2—2015		指环虫病诊断规程 第2部分：页形指环虫病	河北省水产养殖病害防治监测总站	本部分规定了页形指环虫病的流行情况与临床症状，以及页形指环虫采集与固定、形态学鉴定和分子检测的方法。本部分适用于草鱼等淡水鱼类患页形指环虫病的流行病学调查、诊断、监测和检疫。
SC/T 7218.3—2015		指环虫病诊断规程 第3部分：鳙指环虫病	河北省水产养殖病害防治监测总站	本部分规定了鳙指环虫病的流行情况与临床症状，以及鳙指环虫采集与固定、形态学鉴定和分子检测的方法。本部分适用于鳙等淡水鱼类患鳙指环虫病的流行病学调查、诊断、监测和检疫。

标准号	替代标准	标准名称	起草单位	范　围
SC/T 7218.4—2015		指环虫病诊断规程 第4部分：环鳃指环虫病	河北省水产养殖病害防治监测总站	本部分规定了环鳃指环虫病的流行情况与临床症状、形态学鉴定、环鳃指环虫采集与固定，以及环鳃指环虫病的分子检测的方法。 本部分适用于鲤、鲫、金鱼等淡水鱼类患环鳃指环虫病的流行病学调查、诊断、监测和检疫。
SC/T 7219.1—2015		三代虫病诊断规程 第1部分：大西洋鲑三代虫病	中国科学院水生生物研究所、全国水产技术推广总站	本部分规定了大西洋鲑三代虫病的感染对象与临床症状、大西洋鲑三代虫的采集与固定、形态学鉴定以及大西洋鲑三代虫病的分子检测的方法的综合判定。 本部分适用于大西洋鲑、鳟鱼类大西洋鲑三代虫病的流行病学调查、诊断、监测和检疫。
SC/T 7219.2—2015		三代虫病诊断规程 第2部分：鲩三代虫病	中国科学院水生生物研究所、全国水产技术推广总站	本部分规定了鲩三代虫病的感染对象与临床症状、鲩三代虫的采集与固定、形态学鉴定和分子检测的方法以及鲩三代虫病的判定。 本部分适用于草鱼的鲩三代虫病的流行病学调查、诊断、监测和检疫。

（续）

标准号	替代标准	标准名称	起草单位	范　围
SC/T 7219.3—2015		三代虫病诊断规程　第3部分：鲢三代虫病	中国科学院水生生物研究所、全国水产技术推广总站	本部分规定了鲢三代虫病的感染对象与临床症状、鲢三代虫的采集与固定、形态学鉴定和分子检测的方法以及鲢三代虫病的综合判定。 本部分适用于鲢、鳙三代虫病的流行病学调查、诊断、监测和检疫。
SC/T 7219.4—2015		三代虫病诊断规程　第4部分：中型三代虫病	中国科学院水生生物研究所、全国水产技术推广总站	本部分规定了中型三代虫病的感染对象与临床症状、中型三代虫的采集与固定、形态学鉴定和分子检测的方法以及中型三代虫病的综合判定。 本部分适用于鲤、鲫的中型三代虫病的流行病学调查、诊断、监测和检疫。
SC/T 7219.5—2015		三代虫病诊断规程　第5部分：细锚三代虫病	中国科学院水生生物研究所、全国水产技术推广总站	本部分规定了细锚三代虫病的感染对象与临床症状、细锚三代虫（也叫史若兰三代虫）的采集与固定、形态学鉴定和分子检测的方法以及大西洋鲑三代虫病的综合判定。 本部分适用于鲤、鲫的细锚三代虫病的流行病学调查、诊断、监测和检疫。

标准号	替代标准	标准名称	起草单位	范　　围
SC/T 7219.6—2015		三代虫病诊断规程　第6部分：小林三代虫病	中国科学院水生生物研究所、全国水产技术推广总站	本部分规定了小林三代虫病的感染对象与临床症状、小林三代虫虫体的采集与固定、形态学鉴定和分子检测的方法以及小林三代虫病的综合判定。本部分适用于鲫的小林三代虫病的流行病学调查、诊断、监测和检疫。
SC/T 7220—2015		中华绒螯蟹螺原体 PCR 检测方法	南京师范大学	本标准规定了对中华绒螯蟹螺原体病原分离、纯化以及 PCR 检测的方法。本标准适用于中华绒螯蟹等水生甲壳动物（包括中华绒螯蟹 Eriocheir sinensis、凡纳滨对虾 Litopenaeus vannamei、克氏原螯虾 Procambarus clarkii、罗氏沼虾 Macrobrachium rosenbergii，下文均是以中华绒螯蟹为对象）中华绒螯蟹螺原体感染的流行病学调查、检疫和监测。

3.4 渔船设备

标准号	替代标准	标准名称	起草单位	范围
SC/T 5061—2015		人工钓饵	中国休闲垂钓协会、湖北老鬼鱼饵有限责任公司、湖北王根渔具集团有限公司、湖北龙王渔王渔具有限公司、北京三友创美饲料科技股份有限公司、临沂化绍新钓鱼用品有限公司、眉山市西部风通用渔具有限公司、通威股份有限公司、安徽立新鱼饵有限公司	本标准规定了人工钓饵的术语和定义、要求、检验方法、检验规则、包装、运输及储存等规范。本标准适用于垂钓用人工钓饵。
SC/T 6074—2015		渔船用射频识别(RFID)设备技术要求	农业部南海区渔政局、武汉理工大学、深圳中航信息科技产业股份有限公司、上海普适导航技术有限公司、陕西烽火电子股份有限公司	本标准规定了用于渔业船舶的射频识别设备的组成、分类、功能、性能及安装环境的通用技术要求。本标准适用于渔业船舶所用射频识别设备的研制、选型和使用,可作为渔船射频识别系统建设的参考依据。

标准号	替代标准	标准名称	起草单位	范　　围
SC/T 6074—2015		渔业船舶用气胀式工作救生衣	中国水产科学研究院渔业机械食品研究所、宁波振华救生设备有限公司	本标准规定了用于渔业船舶用气胀式工作救生衣的产品分类和结构、技术要求、检验规则、试验方法和标志、包装、存储等。本标准适用于渔业船舶船员工作时使用的工作救生衣。
SC/T 6080—2015		渔船燃油油添加剂试验评定方法	中国水产科学研究院渔业机械仪器股份有限公司、南通柴油机股份有限公司	本标准规定了渔船燃油油添加剂的试验方法。本标准适用于渔船燃油油添加剂的评定。
SC/T 7002.6—2015		渔船用电子设备环境试验条件和方法　盐雾（Ka）	中国水产科学研究院渔业机械仪器研究所	本部分规定了盐雾（Ka）试验的基本要求、试样、试验条件、试验方法、试验报告以及相关规范应包括的内容。本部分适用于检测渔船用电子设备的抗盐雾腐蚀能力。

（续）

标准号	替代标准	标准名称	起草单位	范　围
SC/T 8045—2015		渔船无线电通信设备修理、安装及调试技术要求	农业部南海区渔政局、武汉理工大学	本标准规定了渔业船舶的中频/高频（MF/HF）无线电装置，甚高频（VHF）无线电装置，应急无线电示位标（EPIRB），渔船用调频无线电电话（27.50MHz～39.50MHz），救生艇筏双向基高频（Two－way VHF）无线电话，搜救雷达应答器（SART），渔船船载北斗终端，海事卫星C船舶地球站，海事卫星FB船舶地球站，渔船射频识别（RFID）电子标签，渔船自动识别系统（ALS）B类终端设备、渔船CDMA手机，航行警告接收机（MAVTEX）的修理、安装及高度技术要求。本标准适用于渔业船舶的无线电通信设备修理、安装及调试。
SC/T 8149—2015		渔业船舶用气胀式工作救生衣	中国水产科学研究院东海水产研究所、农业部绳索网具产品质量监督检验测试中心和威海好运通网具科技有限公司	本标准规定了渔具材料及其有关性能与测试、外观疵点的基本术语的定义。本标准适用于我国渔业生产、科研、检测、教育及其出版物中的渔具材料用语。

4 农垦

4.1 热作加工机械

标准号	替代标准	标准名称	起草单位	范　围
NY/T 264—2015	NY/T 264—2004	剑麻加工机械　刮麻机	中国热带农业科学院农业机械研究所、农业部热带作物机械质量监督检验测试中心	本标准规定了剑麻加工机械刮麻机的术语和定义、型号规格和主要技术参数、技术要求、试验方法、检验规则及标志、包装、运输和贮存等要求。 本标准适用于横向喂入式刮麻机。

4.2 热作种子种苗栽培

标准号	替代标准	标准名称	起草单位	范　围
NY/T 2812—2015		热带作物种质资源收集技术规程	中国热带农业科学院热带作物品种资源研究所	本标准规定了热带作物种质资源考察收集、引种及征集的术语和定义、收集对象和收集方式。 本标准适用于热带作物种质资源收集。

标准号	替代标准	标准名称	起草单位	范 围
NY/T 2813—2015		热带作物种质资源描述规范 菠萝	中国热带农业科学院南亚热带作物研究所、中国热带农业科学院热带作物品种资源研究所	本标准规定了凤梨科（Bromeliaceae）凤梨属（*Ananas* Merr.）菠萝种质资源描述的要求和方法。本标准适用于菠萝种质资源的描述，不适用于观赏凤梨。

5 农牧机械

5.1 农业机械综合类

标准号	替代标准	标准名称	起草单位	范　围
NY/T 500—2015	NY/T 500—2002	秸秆粉碎还田机 作业质量	农业部南京农业机械化研究所、河南豪丰机械制造有限公司、河北农业机械有限公司、山东大华机械有限公司	本标准规定了秸秆粉碎还田机作业的质量要求、检测方法和检验规则。本标准适用于麦类、水稻、玉米、棉花等作物秸秆还田作业的质量评定。
NY/T 503—2015	NY/T 503—2002	单粒（精密）播种机 作业质量	吉林省农业机械试验鉴定站	本标准规定了单粒（精密）播种机作业的质量要求、检测方法和检验规则。本标准适用于单粒（精密）播种机作业的质量评定。
NY/T 509—2015	NY/T 509—2002	秸秆揉丝机 质量评价技术规范	辽宁省农机质量监督管理站、河北铁狮磨浆机械有限公司	本标准规定了秸秆揉丝机的质量要求、检测方法和检验规则。本标准适用于秸秆揉丝机（以下简称揉丝机）的质量评定。

标准号	替代标准	标准名称	起草单位	范　围
NY/T 648—2015	NY/T 648—2002	马铃薯收获机 质量评价技术规范	内蒙古自治区农牧业机械试验鉴定站	本标准规定了马铃薯收获机的质量要求、检测方法和检验规则。本标准适用于马铃薯挖掘机和马铃薯联合收获机的质量评定。
NY/T 1640—2015	NY/T 1640—2008	农业机械分类	农业部农业机械试验鉴定总站	本标准规定了农业生产有关农事活动中已使用的农业机械的分类及代码。本标准适用于农业机械化管理对农业机械的分类及编者。农业机械的其他行业工作可参照执行。
NY/T 2699—2015		牧草机械收获技术规程 苜蓿干草	中国农业大学、石家庄鑫农机械有限公司、北京工商大学	本标准规定了苜蓿（Medicago sativa L.）干草机械收获的作业条件、作业质量、作业机械功能、收获工艺、安全作业规程。本标准适用于苜蓿干草的机械化收获。

标准号	替代标准	标准名称	起草单位	范　　围
NY/T 2704—2015		机械化起垄全铺膜作业技术规范	甘肃省农业机械化技术推广总站、甘肃省定西市农业机械技术推广站、甘肃省庆阳市农业机械技术推广站、甘肃省平凉市农业机械技术推广站、兰州农源农机有限公司	本标准规定了机械化起垄全铺膜的作业条件、作业准备、作业要求和安全要求。 本标准适用于旱作区玉米沟播前机械化开沟、起垄、施肥、喷药、全铺膜和覆土联合作业。
NY/T 2705—2015		生物质燃料成型机质量评价技术规范	江苏省农业机械试验鉴定站、江苏圆通农机科技有限公司、南通天擎机械有限责任公司	本标准规定了生物质燃料成型机的质量要求、检测方法和检验规则。 本标准适用于以农作物秸秆、林业废弃物等生物质为主要原料进行成型燃料生产的生物质燃料成型机的质量评价，碳化致密成型机等其他类型产品的质量评价可参照执行。
NY/T 2706—2015		马铃薯打秧机质量评价技术规范	内蒙古自治区农牧业机械试验鉴定站	本标准规定了马铃薯打秧机的质量要求、检测方法和检验规则。 本标准适用于与拖拉机配套的马铃薯打秧机的质量评定。

（续）

标准号	替代标准	标准名称	起草单位	范　围
NY/T 2709—2015		油菜播种机　作业质量	农业部农业机械化技术开发推广总站、华中农业大学、湖北省农机化技术推广总站、武汉黄鹤拖拉机制造有限公司	本标准规定了油菜播种机的作业质量要求、检测方法和检验规则。本标准适用于油菜播种机作业的质量评定。
NY/T 2773—2015		农业机械安全监理机构装备建设标准	农业部工程建设服务中心、山东省农业机械安全监理站、江苏省农业机械安全监理所、山东科大微机应用研究所有限公司	本标准规定了农业机械安全技术检验、驾驶操作人员考试、事故现场勘察、安全监督检查和宣传教育、审批设备等装备建设要求。本标准适用于履行《中华人民共和国道路交通安全法》《中华人民共和国农业机械化促进法》和《农业部配套规章》及农业机械安全监督管理职责赋予的部、省、地、县级农机安全监理机构。
NY 2800—2015		微耕机　安全操作规程	重庆市农业机械鉴定站、重庆宗申巴贝锐拖拉机制造有限公司、重庆市美琪工业制造有限公司、重庆麦斯特精密机械有限公司	本标准规定了微耕机安全操作基本条件及启动、起步、田间作业、转移、停机检查的安全操作要求。本标准适用于微耕机的安全操作。

标准号	替代标准	标准名称	起草单位	范　　围
NY 2801—2015		机动脱粒机　安全操作规程	山东省农业机械科学研究院、山东华盛中天机械集团股份有限公司、山东常林机械集团有限公司、潍坊市农业机械研究所、黑龙江勃锦马农业机械设备有限公司	本标准规定了机动脱粒机安全操作基本条件、作业准备和脱粒作业时的安全操作要求。 本标准适用于机动脱粒机的安全操作。
NY 2802—2015		谷物干燥机大气污染物排放标准	黑龙江农垦农业机械试验鉴定站（农业部节能与干燥机械设备及产品质量监督检验检测中心）、哈尔滨新美达粮食机械有限公司、辽宁立达实业集团有限公司、国家农作物收割机械设备质量监督检验中心	本标准规定了谷物干燥机大气污染物排放的术语和定义、基本要求、排放限值和测试方法。 本标准适用于燃煤及稻壳等生物质（或压块）为燃料的谷物干燥机生产作业时排放的大气污染物管理。
NY/T 2845—2015		深松机　作业质量	吉林省农业机械试验鉴定站	本标准规定了深松机作业的质量要求、检测方法和检验规则。 本标准适用于深松机作业质量评定。

标准号	替代标准	标准名称	起草单位	范　　　围
NY/T 2846—2015		农业机械适用性评价通则	农业部农业机械试验鉴定总站	本标准规定了农业机械适用性评价指标、评价内容、评价方法和评价规则。本标准适用于农业机械试验鉴定的农业机械的适用性评价，其他目的的农业机械适用性评价可参照执行。
NY/T 2847—2015		小麦免耕播种机适用性评价方法	农业部农业机械试验鉴定总站	本标准规定了小麦免耕播种机适用性评价项目及权重、主要影响因素及水平、评价条件、评价方法和判定。本标准适用于小麦免耕播种机适用性评价。
NY/T 2848—2015		谷物联合收割机可靠性评价方法	山西省农业机械质量监督管理站、江苏沃得农业机械股份有限公司、山东金亿机械制造有限公司	本标准规定了谷物联合收割机可靠性评价的故障分组及记录、考核指标、考核方法、考核方法选择和评价规则。本标准适用于谷物联合收割机试验鉴定的可靠性评价。

（续）

标准号	替代标准	标准名称	起草单位	范　围
NY/T 2849—2015		风送式喷雾机施药技术规范	农业部南京农业机械化研究所、北京非瑞弘霖有害生物防治科技有限责任公司、河南万丰农林设备有限公司	本标准规定了风送式喷雾机施药的条件、准备、作业和施药后处理的要求。 本标准适用于风送式喷雾机在大面积农田、果园和林区的病虫害防治作业。
NY/T 2850—2015		割草压扁机　质量评价技术规范	农业部农业机械化试验鉴定总站、中国农业机械化科学研究院呼和浩特分院、内蒙古自治区农牧业机械试验鉴定站	本标准规定了割草压扁机的基本要求、质量要求、检测方法和检验规则。 本标准适用于与拖拉机配套的往复式割草压扁机和旋转式割草压扁机的质量评定。
NY/T 2851—2015		玉米机械化深松施肥播种作业技术规范	河北省农机修造服务总站、保定市农机工作站、河北农哈哈集团有限公司、河北农业大学资源与环境科学学院、河北省农业机械鉴定站、石家庄市鹿泉区农业机械技术推广站	本标准规定了玉米机械化深松施肥播种作业的术语和定义、作业准备、农艺技术、机具调整、挂接与试播以及作业。 本标准适用于平作地区玉米深松施肥播种机械化作业。

标准号	替代标准	标准名称	起草单位	范　围
NY/T 2852—2015		农业机械化水平评价 第5部分：果、茶、桑	中国农业大学、农业部 农业机械化管理司	本部分规定了果、茶、桑生产机械化水平的评价指标和计算方法。 本部分适用于对果、茶、桑生产机械化程度的统计和评价。

5.2　其他农机具

标准号	替代标准	标准名称	起草单位	范　围
NY/T 2674—2015		水稻机机插钵形毯状育 秧盘	中国水稻研究所、浙江 三友塑业股份有限公司	本标准规定了水稻机机插钵形毯状育秧盘的术语和定义、产品分类与规格、技术要求、检验方法、检验和判定、包装运输和储存。 本标准适用于以聚丙烯（PP）、聚氯乙烯（PVC）为原料生产工艺水稻机机插钵形毯状育秧盘的规格及质量。
NY/T 2707—2015		纸质湿帘　质量评价技 术规范	农业部规划设计研究院	本标准规定了纸质湿帘的质量要求、检测方法和检验规则。 本标准适用于纸质湿帘质量质量评价。

（续）

标准号	替代标准	标准名称	起草单位	范　围
NY/T 2708—2015		温室透光覆盖材料安装与验收规范　玻璃	农业部规划设计研究院	本标准规定了温室透光覆盖材料玻璃安装分项工程的一般规定、材料进场与储存、安装技术要求、验收程序与方法。本标准适用于以铝合金型材镶嵌玻璃为透光覆盖材料的新建或改扩建温室玻璃安装分项工程。其他材料镶嵌玻璃或光伏组件作为温室透光覆盖材料时可参照执行。
NY/T 2844—2015		双层圆筒圆清筛	黑龙江农垦农业机械试验鉴定站（农业部节能与干燥机械设备及产品质量监督检验检测中心）、黑龙江省牡丹江垦区正达机械有限公司、哈尔滨东宇工程机械有限公司	本标准规定了粮食初清筛双层圆筒初清筛产品的型号和主要参数、要求、试验方法、检验规则、标志、包装、运输及贮存。本标准适用于双圆筒、双锥筒初清筛。圆筒、圆锥圆筒和振动筛板组合的清理筛可参照使用。

· 94 ·

6 农村能源

6.1 沼气工程规模分类

标准号	替代标准	标准名称	起草单位	范　围
NY/T 1496.1—2015	NY/T 1496.1—2007	户用沼气输气系统 第1部分：塑料管材	农业部沼气科学研究所、农业部沼气产品及设备质量监督检验测试中心	本标准规定了户用沼气输气系统聚乙烯（PE）管材、聚氯乙烯（PVC）软管和家用煤气（HGH）软管的要求、试验方法、检验规则、包装、标志、运输和储存。本部分适用于在压力小于12kPa和温度−20℃～40℃及地埋或避免阳光暴晒环境条件下使用的户用沼气输气管材。
NY/T 1496.2—2015	NY/T 1496.2—2007	户用沼气输气系统 第2部分：塑料管件	农业部沼气科学研究所、农业部沼气产品及设备质量监督检验测试中心	本标准规定了户用沼气输气系统聚乙烯管件、聚乙烯导气管卡的技术要求、试验方法、检验规则、包装、标志、运输和储存。本部分适用于在压力小于12kPa和温度−20℃～40℃环境条件下使用的户用沼气输气管件。

标准号	替代标准	标准名称	起草单位	范　围
NY/T 1496.3—2015	NY/T 1496.3—2007	户用沼气输气系统　第3部分：塑料料开关	农业部沼气科学研究所、农业部沼气产品及设备质量监督检验测试中心	本标准规定了户用沼气输气系统使用聚乙烯开关的技术要求、试验方法、检验规则、包装、标志、运输和储存等。 本部分适用于在气压力小于12kPa和温度—20℃～40℃环境条件下使用的户用沼气输气塑料开关。
NY/T 2853—2015		沼气生产用原料收贮运技术规范	农业部农业生态与资源保护总站、中国农业大学、农业部规划设计研究院、中国农业科学院农业环境与可持续发展研究所	本标准规定了沼气生产用原料收集、贮存、运输过程的技术要求。 本标准适用于户用沼气和沼气工程运行过程中所使用原料的收集、贮存和运输活动，不适用于《危险废物经营许可证管理办法》中办公室的危险废物收集、贮存和运输。
NY/T 2854—2015		沼气工程发酵装置	农业部规划设计研究院、青岛天人环境股份有限公司	本标准规定了沼气发酵装置的分类与型号标记、技术要求、检验规则以及标识、包装、运输与储运等要求。 本标准适用于以液体或固体厌氧消化生产沼气的发酵装置，包括钢筋混凝土发酵装置、拼装接接焊接钢板发酵装置。

标准号	替代标准	标准名称	起草单位	范围
NY/T 2855—2015		自走式沼渣沼液抽排设备试验方法	农业部农业生态与资源保护总站、农业部沼气产品及设备质量监督检验测试中心、东风汽车股份有限公司、河南奔马股份有限公司、新乡市万鑫泵业有限公司	本标准规定了自走式沼渣沼液抽排设备的试验方法。本标准适用于海拔高度在3 500 m以下，采用定型汽车、三轮车或低速货车底盘，配装定型的柴油机或汽油机，最高设计时速不超过60 km/h的自走式沼渣沼液抽排设备。
NY/T 2856—2015		非自走式沼渣沼液抽排设备试验方法	农业部农业生态与资源保护总站、农业部沼气产品及设备质量监督检验测试中心、中国沼气学会、东风汽车股份有限公司、河南奔马股份有限公司、湖北福田专用汽车有限责任公司、新乡市万鑫泵业有限公司	本标准规定了非自走式沼渣沼液抽排设备的试验方法。本标准适用于海拔高度在3 500 m以下使用的、不能自行移动的沼渣沼液抽排设备。

6.2 其他类

标准号	替代标准	标准名称	起草单位	范围
NY/T 2880—2015		生物质成型燃料工程运行管理规范	农业部规划设计研究院	本标准规定了生物质成型燃料工程（点、站、场、厂等）的运行管理、维护保养、安全操作的规范。 本标准适用于已建成的生物质成型燃料工程。 生物质成型燃料工程运行管理、维护保养及安全操作除应执行本规范外，尚应符合国家现行有关标准的规定。
NY/T 2881—2015		生物质成型燃料工程设计规范	农业部规划设计研究院	本标准规定了产业化生物质成型燃料工程选址、总体布置、工艺、建筑、电气、给排水、辅助工程等设计内容。 本标准适用于新建、扩建和改建的生物质成型燃料工程设计。 生物质成型燃料工程设计除执行本规范外，尚应符合国家现行有关标准。

7 绿色食品

标准号	替代标准	标准名称	起草单位	范　　围
NY/T 658—2015	NY/T 658—2002	绿色食品　包装通用准则	国家包装产品质量监督检验中心（天津），江苏彩华包装集团公司，国家粳稻工程技术研究中心，天津傲绿农副产品集团股份有限公司，天津天隆种业科技有限公司，中国绿色食品发展中心，国家果类及农副加工质量监督检验中心	本标准规定了绿色食品包装的术语和定义、基本要求、环保要求、安全卫生要求、生产要求、标志与标签要求和标识。本标准适用于绿色食品包装的生产与使用。
NY/T 843—2015	NY/T 798—2009	绿色食品　畜禽肉制品	河南省农业科学院农业质量标准与检测技术研究所，农业部农产品质量监督检验测试中心（郑州）	本标准规定了绿色食品畜禽肉制品的术语和定义、产品分类、要求、检验检测、标签、包装、运输和贮存。本标准适用于绿色食品畜禽肉制品（包括调制肉制品、腌腊肉制品、酱卤肉制品、熏烧焙烤肉制品、肉干制品及肉类罐头制品），不适用于畜肉、禽肉、辐照畜禽肉制品和可食用畜禽副产品。

标准号	替代标准	标准名称	起草单位	范　围
NY/T 895—2015	NY/T 895—2004	绿色食品　高粱	农业部谷物及制品质量监督检验测试中心（哈尔滨）、黑龙江省农业科学院农产品质量安全研究所	本标准规定了绿色食品高粱及高粱米的术语和定义、要求、检验规则、标签、包装、运输和贮存。本标准适用于绿色食品高粱和高粱米。
NY/T 896—2015	NY/T 896—2004	绿色食品　产品抽样准则	四川省农业科学院质量标准与检测技术研究所，农业部绿色食品质量监督检验测试中心（成都）、中国绿色食品发展中心	本标准规定了绿色食品样品抽取的术语和定义、一般要求、抽样程序和抽样方法。本标准适用于绿色食品产品的样品抽取。
NY/T 902—2015	NY/T 902—2004 NY/T 429—2000	绿色食品　瓜籽	四川省农业科学院质量标准与检测技术研究所，农业部绿色食品质量监督检验测试中心、中国绿色食品发展中心	本标准规定了绿色食品瓜籽的术语和定义、要求、检验规则、标签、包装、运输和贮存。本标准适用于绿色食品葵花籽（包括油用葵籽、南瓜籽、西瓜籽、瓜蒌籽的生瓜籽及籽仁。不适用于瓜籽及籽仁等进行熟制加工工艺加工的样品及籽仁。

（续）

标准号	替代标准	标准名称	起草单位	范　围
NY/T 1049—2015	NY/T 1049—2006	绿色食品　薯芋类蔬菜	广东省农业科学院农产品公共监测中心、中国绿色食品发展中心、农业部水果质量监督检验监测中心（广州）	本标准规定了绿色食品薯芋类蔬菜的要求、检验检测、标签、包装、运输和贮存。本标准适用于绿色食品马铃薯、生姜、山药、豆薯、香芋、甘露魔芋（草食蚕）、蕉芋、葛、甘薯、木薯、菊薯等薯芋类蔬菜（拉丁学名及俗名参见附录A）。
NY/T 1055—2015	NY/T 1055—2006	绿色食品　产品检验规则	广东省农业科学院农产品公共监测中心、中国绿色食品发展中心、农业部水果质量监督检验监测中心（广州）	本标准规定了绿色食品产品的检验分类、抽样、检验检测和判定规则。本标准适用于绿色食品的产品检验。
NY/T 1324—2015	NY/T 1324—2007	绿色食品　芥菜类蔬菜	农业部蔬菜品质监督检验测试中心（北京）	本标准规定了绿色食品芥菜类蔬菜的要求、检验检测、标签、包装、运输和贮存。本标准适用于绿色食品芥菜类蔬菜，包括鲜食和加工用根芥、茎芥、叶芥和薹芥。芥菜类蔬菜分类及拉丁学名和俗名参见附录A。

（续）

标准号	替代标准	标准名称	起草单位	范　围
NY/T 1325—2015	NY/T 1325—2007	绿色食品　芽苗类蔬菜	农业部蔬菜品质监督检验测试中心（北京）	本标准规定了绿色食品芽苗类蔬菜的要求、检验规则、标签、包装、运输和贮存。 本标准适用于绿色食品种芽类芽苗菜，包括绿豆芽、黄豆芽、黑豆芽、青豆芽、红豆芽、蚕豆芽、红小豆芽、豌豆苗、花生芽、苜蓿芽、小扁豆芽、萝卜芽、松蓝芽、沙芥芽、芥菜芽、芥蓝芽、白菜芽、独行菜芽、种芽香椿、向日葵芽、荞麦芽、胡椒芽、紫苏芽、水芹芽、小麦苗、胡麻芽、蕹菜芽、芝麻芽、黄秋葵芽等。
NY/T 1326—2015	NY/T 1326—2007	绿色食品　多年生蔬菜	农业部蔬菜品质监督检验测试中心（北京）	本标准规定了绿色食品多年生蔬菜的要求、检验检测、标签、包装、运输和贮存。 本标准适用于绿色食品多年生蔬菜，包括芦笋、百合、菜用枸杞、黄秋葵、襄荷、菜蓟、辣根、食用大黄等的新鲜产品（拉丁学名和俗名参见附录A）。

标准号	替代标准	标准名称	起草单位	范　围
NY/T 1405—2015	NY/T 1405—2007	绿色食品　水生蔬菜	广东省农业科学院农产品公共监测中心、中国绿色食品发展中心、农业部水果质量监督检验测试中心（广州）、惠州四季绿农产品有限公司	本标准规定了绿色食品水生蔬菜的要求、检验检测、标签、运输和贮存。本标准适用于绿色食品茭白、水芋、慈姑、芡实、蒲菜、莲子米、豆瓣菜、水芹、莼菜、蒲菜（拉丁学名和俗名各参见附录A）。不包括藕及其制品。
NY/T 1506—2015	NY/T 1506—2007	绿色食品　食用花卉	农业部农产品质量监督检验测试中心（昆明）、中国绿色食品发展中心、云南省农业科学院质量标准与检测技术研究所、云南嘉华食用花卉种植有限公司	本标准规定了绿色食品食用花卉的术语和定义、要求、检验检测、标签、包装、运输和贮存。本标准适用于绿色食品食用花卉鲜品，包括菊花、玫瑰花、金银花、茉莉花、金雀花、代代花、槐花，以及国家批准的其他可食用花卉。
NY/T 1511—2015	NY/T 1511—2007	绿色食品　膨化食品	湖南省食品测试分析中心、中国绿色食品发展中心、湖南省玉峰食品实业有限公司	本标准规定了绿色食品膨化食品的术语和定义、要求、检验检测、标签、包装、运输和贮存。本标准适用于经过直接挤压、焙烤、微波等膨化方式制成的编外人员非油炸型膨化食品，不适用于膨化豆制品。

（续）

标准号	替代标准	标准名称	起草单位	范　围
NY/T 1714—2015	NY/T 1714—2009	绿色食品　即食谷粉	四川省农业科学院质量标准与检测技术研究所、农业部食品仪器质量监督检验测试中心（成都）、中国绿色食品发展中心、四川省隆昌晶盛食品有限公司、成都市盛鸿笙食品有限公司	本标准规定了绿色食品即食谷粉的术语和定义、产品分类、要求、检验检测、标签、包装、运输和储存。本标准适用于绿色食品即食谷粉。
NY/T 2140—2015	NY/T 2140—2012	绿色食品　代用茶	中国农业科学院茶叶研究所、农业部茶叶质量监督检验测试中心、中国绿色食品发展中心	本标准规定了绿色食品代用茶的术语和定义、分类、要求、检验规则、标签、包装、运输及贮存。本标准适用于绿色食品代用茶产品。
NY/T 2799—2015		绿色食品　畜肉	农业部肉及肉制品质量监督检验测试中心、农业部动物及动物产品卫生质量监督检验测试中心、中国绿色食品发展中心、江西省玉山县创新农业综合开发有限公司、哈尔滨大众肉联食品有限公司	本标准规定了绿色食品畜肉的术语和定义、要求、检验规则、标签、包装、运输及贮存。本标准适用于绿色食品畜肉（包括猪肉、牛肉、羊肉、马肉、驴肉、兔肉等）的鲜肉、冷却肉及冷冻肉；不适用于畜肉内脏、混合畜肉和辐照畜肉。

8 转基因

标准号	替代标准	标准名称	起草单位	范 围
农业部 2259 号公告—1—2015		转基因植物及其产品成分检测 基体标准物质定值技术规范	农业部科技发展中心、中国农业科学院生物技术研究所	本标准规定了转基因植物及其产品检测基体标准物质多家实验室合作定值的方法和操作程序。本标准适用于实时荧光定量 PCR 方法对转基因植物检测基体标准物质进行之实验室的合作定值。
农业部 2259 号公告—2—2015		转基因植物及其产品成分检测 玉米标准物质候选物繁殖与鉴定技术规范	农业部科技发展中心、吉林省农业科学院、农业部环境保护科研监测所、浙江省农业科学院	本标准规定了玉米标准物质候选物繁殖与鉴定的程序和方法。本标准适用于玉米标准物质候选物的繁殖与鉴定。
农业部 2259 号公告—3—2015		转基因植物及其产品成分检测 棉花标准物质候选物繁殖与鉴定技术规范	农业部科技发展中心、中国农业科学院植物保护研究所、山东省农业科学院、创世纪种业有限公司	本标准规定了转基因棉花基体标准物质候选物繁殖与鉴定的程序和方法。本标准适用于转基因棉花基体标准物质候选物的繁殖与鉴定。

标准号	替代标准	标准名称	起草单位	范　围
农业部 2259 号公告—4—2015		转基因植物及其产品成分检测　定性 PCR 方法制定指南	农业部科技发展中心、吉林省农业科学院、天津市农业质量标准与检测技术研究所、浙江省农业科学院	本标准规定了转基因植物及其产品成分检测的定性 PCR 方法建立和程序。 本标准适用于转基因植物及其产品成分检测的定性 PCR 方法的制定。
农业部 2259 号公告—5—2015		转基因植物及其产品成分检测　实时荧光定量 PCR 方法制定指南	农业部科技发展中心、中国农业科学院生物技术研究所、中国农业科学院油料作物研究所、中国农业科学院植物保护研究所、吉林省农业科学院	本标准规定了转基因植物及其产品成分检测实时荧光定量 PCR 方法的建立与确认的总体要求。 本标准适用于转基因植物及其产品成分检测的实时荧光定量 PCR 方法的建立与确认。
农业部 2259 号公告—6—2015		转基因植物及其产品成分检测　耐除草剂大豆 MON87708 及其衍生品种定性 PCR 方法	农业部科技发展中心、吉林省农业科学院、天津市农业质量标准与检测技术研究所、黑龙江省农业科学院	本标准规定了转基因耐除草剂大豆 MON87708 转化体特异性定性 PCR 检测方法。 本标准适用于耐除草剂大豆 MON87708 及其衍生品种，以及制品中 MON87708 转化体成分的定性 PCR 检测。

标准号	替代标准	标准名称	起草单位	范　围
农业部 2259 号公告—7—2015		转基因植物及其产品成分检测　抗虫大豆 MON87701 及其衍生品种定性 PCR 方法	农业部科技发展中心、黑龙江省农业科学院农产品质量安全研究所、天津市农业质量标准与检测技术研究所	本标准规定了转基因抗虫大豆 MON87701 转化体特异性定性 PCR 检测方法。本标准适用于抗虫大豆 MON87701 及其衍生品种。
农业部 2259 号公告—8—2015		转基因植物及其产品成分检测　耐除草剂大豆 FG72 及其衍生品种定性 PCR 方法	农业部科技发展中心、农业部环境保护科研监测所	本标准规定了转基因耐除草剂大豆 FG72 转化体特异性定性 PCR 检测方法。本标准适用于转基因耐除草剂大豆 FG72 及其衍生品种，以及 FG72 转化体成分的定性 PCR 检测。
农业部 2259 号公告—9—2015		转基因植物及其产品成分检测　耐除草剂油菜 MON88302 及其衍生品种定性 PCR 方法	农业部科技发展中心、安徽省农业科学院水稻研究所、浙江省农业科学院	本标准规定了转基因耐除草剂油菜 MON88302 转化体特异性定性 PCR 检测方法。本标准适用于转基因耐除草剂油菜 MON88302 及其衍生品种，以及制品中 MON88302 转化体成分的定性 PCR 检测。

（续）

标准号	替代标准	标准名称	起草单位	范围
农业部 2259 号公告—10—2015		转基因植物及其产品成分检测 抗虫玉米 IE09S034 及其衍生品种定性 PCR 方法	农业部科技发展中心、浙江省农业科学院、吉林省农业科学院、安徽省农业科学院水稻研究所	本标准规定了转基因抗虫玉米 IE09S034 转化体特异性定性 PCR 检测方法。本标准适用于转基因抗虫玉米 IE09S034 及其衍生品种，以及制品中 IE09S034 转化体成分的定性 PCR 检测。
农业部 2259 号公告—11—2015		转基因植物及其产品成分检测 抗虫耐除草剂水稻 G6H1 及其衍生品种定性 PCR 方法	农业部科技发展中心、中国农业科学院油料作物研究所、浙江省农业科学院、安徽省农业科学院水稻研究所	本标准规定了转基因抗虫耐除草剂水稻 G6H1 转化体特异性定性 PCR 检测方法。本标准适用于转基因抗虫耐除草剂水稻 G6H1 及其衍生品种，以及制品中 G6H1 转化体成分的定性 PCR 检测。
农业部 2259 号公告—12—2015		转基因植物及其产品成分检测 抗虫耐除草剂玉米双抗 12 - 5 及其衍生品种定性 PCR 方法	农业部科技发展中心、中国农业科学院油料作物研究所、农业部环境保护科研监测所	本标准规定了转基因抗虫耐除草剂玉米双抗 12 - 5 转化体特异性定性 PCR 检测方法。本标准适用于转基因抗虫耐除草剂玉米双抗 12 - 5 及其衍生品种，以及制品中双抗 12 - 5 转化体成分的定性 PCR 检测。

标准号	替代标准	标准名称	起草单位	范　　围
农业部 2259 号公告—13—2015		转基因植物试验安全控制措施　第 1 部分：通用要求	农业部科技发展中心、中国农业科学院油料作物研究所、河北农业大学	本部分规定了转基因植物试验安全控制措施的基本要求。本部分适用于安全等级Ⅰ、Ⅱ的转基因植物中间试验、环境释放和生产性试验。
农业部 2259 号公告—14—2015		转基因植物试验安全控制措施　第 2 部分：药用工业用转基因植物	农业部科技发展中心、中国农业科学院生物技术研究所、武汉生物技术研究院	本部分规定了药用工业用转基因植物试验安全控制措施的基本要求。本部分适用于药用工业用转基因植物的中间试验、环境释放和生产性试验。
农业部 2259 号公告—15—2015		转基因植物及其产品环境安全检测　抗除草剂水稻　第 1 部分：除草剂耐受性	农业部科技发展中心、中国水稻研究所	本部分规定了转基因抗除草剂水稻及田间主要杂草对目标除草剂的耐受性的检测方法。本部分适用于转基因抗除草剂水稻及田间主要杂草对目标除草剂的耐受性的检测。

（续）

标准号	替代标准	标准名称	起草单位	范围
农业部 2259 号公告—16—2015		转基因植物及其产品环境安全检测 抗除草剂水稻 第 2 部分：生存竞争能力	农业部科技发展中心、中国水稻研究所	本部分规定了转基因抗除草剂水稻生存竞争能力的检测方法。本部分适用于转基因抗除草剂水稻在荒地、栽培条件下的竞争性、再生与自生能力，种子的落粒性、发芽力、休眠性和自然延续力的检测。
农业部 2259 号公告—17—2015		转基因植物及其产品环境安全检测 耐除草剂油菜 第 1 部分：除草剂耐受性	农业部科技发展中心、中国农业科学院油料作物研究所	本部分规定了转基因耐除草剂油菜田间杂草对除草剂耐受性的检测方法。本部分适用于耐除草剂的耐受性水平检测。
农业部 2259 号公告—18—2015		转基因植物及其产品环境安全检测 耐除草剂油菜 第 2 部分：生存竞争能力	农业部科技发展中心、中国农业科学院油料作物研究所	本部分规定了转基因耐除草剂油菜对生存竞争力生态影响的检测方法。本部分适用于转基因耐除草剂油菜种子发芽率、栽培条件下竞争能力、种子自然延续能力、荒地条件下竞争力、花粉活力、种子脱落性的检测。

标准号	替代标准	标准名称	起草单位	范　围
农业部 2259 号公告—19—2015		转基因生物良好实验室操作规范 第 1 部分：分子特征检测	农业部科技发展中心、浙江省农业科学院、吉林省农业科学院	本部分规定了农业转基因生物分子特征检测实验室应遵从的良好实验室规范。本部分适用于为向转基因生物安全管理部门提供转基因生物分子检测数据而开展的实验。本部分适用于农业转基因生物分子特征检测良好实验室。

9 职业技能鉴定

标准号	替代标准	标准名称	起草单位	范 围
NY/T 2803—2015		家禽繁殖员	农业部人力资源开发中心、全国畜牧总站	
NY/T 2804—2015		蔬菜园艺工	农业部人力资源开发中心、全国农业技术推广服务中心、上海市农业技术推广服务中心、安徽省农业技术推广总站、甘肃省农业技术推广总站、青海省农业技术推广总站、湖南生物机电职业技术学院	
NY/T 2805—2015		农业职业经理人	农业部人力资源开发中心	
NY/T 2806—2015		饲料检验化验员	农业部人力资源开发中心、全国畜牧总站	
NY/T 2807—2015		兽用中药检验员	农业部人力资源开发中心、中国兽医药品监察所	

10 农产品加工

标准号	替代标准	标准名称	起草单位	范　围
NY/T 2672—2015		茶粉	中国农业科学院茶叶研究所、农业部茶叶质量监督检验测试中心	本标准规定了茶粉的要求、试验方法、检验规则、标志和标签、包装、运输和贮存。本标准适用于以茶树鲜叶或干茶为原料，经精细加工而成的粉状的绿茶粉、红花粉、乌龙茶粉、黄茶粉、白茶粉和黑茶粉等产品。
NY/T 2778—2015		骨素	中国农业科学院农产品加工研究所、甘肃农业大学、山东悦一生物科技有限公司、雏鹰农牧集团股份有限公司、河南众品食业股份有限公司、白象集团食品有限公司、鹤壁普乐泰生物科技有限公司	本标准规定了骨素的术语和定义、产品分类、生产加工过程的卫生要求、原辅料要求、产品要求、试验方法、检验规则、标志、包装、运输、储存。本标准适用于以畜禽和鱼骨为原料生产的骨素产品。

（续）

标准号	替代标准	标准名称	起草单位	范　围
NY/T 2779—2015		苹果脆片	中国农业科学院农产品加工研究所、甘肃省农业科学院农产品贮藏加工研究所、中国农业科学院果树研究所	本标准规定了苹果脆片产品的术语和定义、要求、试验方法、检验规则、标志标签、包装、运输与储存。本标准适用于以鲜苹果为主要原料制得的油炸及非油炸苹果脆片。
NY/T 2780—2015		蔬菜加工名词术语	北京农业职业学院、中国农业科学院农产品加工研究所、江苏省农业科学院农产品加工研究所、天津农科院食品生物科技有限公司、江南大学、四川东坡中国泡菜产业技术研究院	本标准规定了蔬菜加工业的部分名词术语。本标准适用于蔬菜加工生产、科研、教学及其他相关领域。
NY/T 2782—2015		风干肉加工技术规范	中国农业科学院农产品加工研究所、中国肉类食品综合研究中心、中国农业科学院北京畜牧兽医研究所、肉类产品北京食品有限公司、云南东恒经贸集团有限公司、青海可可西里肉食品有限公司	本标准规定了风干肉加工的术语和定义、基本要求、加工技术要求、包装与标识要求、储存和运输要求。本标准适用于风干肉加工的质量管理，不适用于腌火腿、腊肉、腊肠加工的质量管理。

标准号	替代标准	标准名称	起草单位	范　围
NY/T 2783—2015		腊肉制品加工技术规范	中国农业科学院农产品加工研究所、湖南唐人神肉制品有限公司、江西国鸿集团股份有限公司、广州皇上皇集团有限公司、四川高金食品股份有限公司、金字火腿股份有限公司	本标准规定了腊肉制品加工的术语和定义、产品分类、加工企业基本条件要求、原辅料要求、加工技术要求、标识与标志、储存和运输、召回等要求。 本标准适用于腊肉制品的加工。
NY/T 2784—2015		红参加工技术规范	中国农业科学院特产研究所、集安（吉林）新开河药业有限公司	本标准规定了红参加工过程中的选址与厂区环境、厂房与车间、设施与设备、卫生管理、加工技术要求、包装、检验、贮存、运输、记录和文件管理等环节的技术要求。 本标准适用于普通红参、边条红参、全须红参的加工。
NY/T 2785—2015		花生热风干燥技术规范	中国农业科学院农产品加工研究所	本标准规定了花生果干燥术语和定义、基本要求、干燥技术要求、安全技术要求、干燥成品质量及检验等内容。

标准号	替代标准	标准名称	起草单位	范　围
NY/T 2786—2015		低温压榨花生油生产技术规范	中国农业科学院农产品加工研究所	本标准规定了低温压榨花生油生产中的术语和定义、技术要求、标识、包装、贮存和运输等内容。 本标准适用于低温压榨花生油的生产。
NY/T 2791—2015		肉制品加工中非肉类蛋白质使用导则	中国肉类食品综合研究中心、河南双汇投资发展股份有限公司、南京雨润食品有限公司、河南众品食业股份有限公司、山东得利斯食品股份有限公司、山东新希望六和集团有限公司、顺鑫农业股份有限公司、中国农业大学	本标准规定了肉制品加工中非肉类蛋白质的定义、基本要求、标签标识原则及质量要求。 本标准适用于以畜、禽肉为主要原料制成的肉制品。
NY/T 2793—2015		肉的食用品质客观评价方法	南京农业大学、中国农业科学院农产品加工研究所、山东农业大学、河南农业大学、中国农业科学院农业质量与检测标准化研究所、青岛农业大学、江苏雨润肉类产业集团有限公司、江苏省食品集团有限公司、山东新希望六和集团有限公司	本标准规定了肉的食用品质指标的术语和定义、客观评价方法。 本标准适用于生鲜猪肉、牛肉、羊肉和鸡肉食用品质指标的客观评价。

标准号	替代标准	标准名称	起草单位	范围
NY/T 2794—2015		花生仁中氨基酸含量测定 近红外法	中国农业科学院农产品加工研究所	本标准规定了近红外分析方法测定花生仁中搭配含量（湿基）的术语和定义、仪器与软件、样品选择与准备、模型建立与样品测定、结果处理和表示、异常样品的确认和处理、定标模型的升级与监控、准确性和精密度及测试报告的要求。 本标准适用于花生仁中天冬氨酸、苏氨酸、丝氨酸、谷氨酸、甘氨酸、亮氨酸、精氨酸和脱氨酸 8 种搭配含量（湿基）的无损测定，本方法的最低检出量为 0.01%。 本标准不适用于仲裁检验。
NY/T 2797—2015		肉中脂肪无损检测方法 近红外法	中国农业科学院农产品加工研究所、中国农业科学院农业质量标准与检测技术研究所、内蒙古蒙都羊业食品有限公司	本标准规定了肉中脂肪近红外无损检测方法的术语和定义、原理、仪器设备、分析、准确性和精密度、测试报告。 本标准适用于畜禽肉中脂肪含量的无损检测，不适用于仲裁检验。

（续）

标准号	替代标准	标准名称	起草单位	范　围
NY/T 2808—2015		胡椒初加工技术规程	中国热带农业科学院香料饮料研究所	本标准规定了胡椒初加工的术语和定义、果实采收、加工方法和包装、标志、贮存与运输的要求。本标准适用于黑胡椒和白胡椒的初加工。

11 综合类

标准号	替代标准	标准名称	起草单位	范　围
NY/T 2712—2015		节水农业示范区建设标准　总则	全国农业技术推广服务中心、中国农业大学	本标准规定了节水农业示范区建设的原则、目标、规模、选址、内容与要求等。 本标准适用于指导全国节水农业示范区建设工作。
NY/T 2776—2015		蔬菜产地批发市场建设标准	农业部规划设计研究院	本标准规定了蔬菜产地批发市场的术语与定义、一般规定、建设规模与项目、选址与建设条件、工艺与设备、建设用地与规划布局、建筑工程及配套设施、节能节水与环境保护和主要技术经济指标等内容。 本标准适用于以经营蔬菜为主的农产品产地批发市场的新建项目和改、扩建项目，是编制、评估蔬菜产地批发市场项目可行性研究报告的依据，是有关部门评审、批复、监督检查和竣工验收的依据，是开展此类项目初步设计的参考依据。 蔬菜产地批发市场的建设，除执行本标准外，还应符合现行国家和行业有关标准和规定。

标准号	替代标准	标准名称	起草单位	范　　围
NY/T 2798.1—2015		无公害农产品　生产质量安全控制技术规范　第1部分：通则	农业部农产品质量安全中心、广东省农业科学院农产品公共监测中心、中国农业科学院农业质量标准与检测技术研究所	本部分规定了无公害农产品主体的基本要求。 本部分适用于无公害农产品的生产、管理和认证。
NY/T 5295—2015	NY/T 5295—2004	无公害农产品　产地环境评价准则	农业部环境保护科研监测所、农业部农业环境质量监督检验测试中心（天津）、农业部农产品质量安全中心	本标准规定了无公害农产品产地环境评价的原则、程序、方法和报告编制。 本部分适用于种植业、畜禽养殖业和水产养殖业无公害农产品产地环境质量评价。
NY/T 2714—2015		农产品等级规格评定技术规范　通则	中国农业科学院农业质量标准与检测技术研究所、农业部农产品质量标准研究中心、中国农业科学院作物科学研究所	本标准规定了农产品等级规格评定原则、分级员要求、环境与设施、分级工具、评定方法、结果判定与标识标注。 本标准适用于农产品等级规格评定的实施。

标准号	替代标准	标准名称	起草单位	范　围
NY/T 2740—2015		农产品地理标志茶叶类质量控制技术规范编写指南	中国农业科学院茶叶研究所、安吉县农业局经作站	本标准规定了登记的农产品地理标志茶叶类质量控制技术规范编写的基本要求、结构、表述规则和编排格式，并给出了有关表述样式。 本标准适用于登记的农产品地理标志茶叶类质量控制技术规范的编写。
NY/T 2772—2015		农业建设项目可行性研究报告编制规程	农业部工程建设服务中心、农业部规划设计院、北京东方国纪项目管理咨询有限公司	本规程适用于农业部门主管的、申请使用中央或地方财政资金支持的新建、改造、扩建农业建设项目可行性研究报告的编制。其他农业项目的编制可参照执行。特殊性研究报告的按其要求编写。
NY/T 2857—2015		休闲农业术语、符号规范	北京农学院都市农业研究所	本标准规定了休闲农业基础和定义、符号与图形设置规范。 本标准适用于休闲农业的建设、经营、管理及其他有关领域。
NY/T 2858—2015		农家乐设施与服务规范	浙江省农业科学院	本标准规定了农家乐的术语和定义、基本原则、设施与服务基本要求、等级划分。 本标准适用于全国范围内各类农家乐的建设、管理、评定。

图书在版编目（CIP）数据

农业国家与行业标准概要．2015 / 农业部农产品质
量安全监管局，农业部科技发展中心编 ．—北京：中国
农业出版社，2017.7
　ISBN 978 - 7 - 109 - 23138 - 2

　Ⅰ.①农⋯　Ⅱ.①农⋯②农⋯　Ⅲ.①农业－国家标
准－中国－2015②农业－行业标准－中国－2015　Ⅳ.
①S - 65

　中国版本图书馆 CIP 数据核字（2017）第 162539 号

中国农业出版社出版
（北京市朝阳区麦子店街 18 号楼）
（邮政编码 100125）
责任编辑　舒　薇

中国农业出版社印刷厂印刷　新华书店北京发行所发行
2017 年 7 月第 1 版　2017 年 7 月北京第 1 次印刷

开本：889mm×1194mm　1/16　印张：8.75
字数：180 千字
定价：35.00 元
（凡本版图书出现印刷、装订错误，请向出版社发行部调换）